Markus Berger und Oliver Hotz - Die Tollkirsche
Königin der dunklen Wälder

Mit einer Einleitung von Wolf-Dieter Storl

Aus der Reihe:
Die Nachtschattengewächse - Eine faszinierende Pflanzenfamilie
Hrsg. von Roger Liggenstorfer und Christian Rätsch

Bereits veröffentlichte Titel:
Wolf-Dieter Storl: Götterpflanze Bilsenkraut (2000)
Christian Rätsch: Schamanenpflanze Tabak I (2002)
Christian Rätsch: Schamanenpflanze Tabak II (2003)
Patricia F. Ochsner: Hexensalben & Nachtschattengewächse (2003)
Markus Berger: Stechapfel und Engelstrompete (2003)
Claudia Müller-Ebeling, C. Rätsch: Zauberpflanze Alraune (2004)
Orestes Davias: Chilifeuer & Knollengenuss (2008)

Wir widmen dieses Buch dem großen Volkskundler, Schamanismus-forscher und Meister der Erzählung, unserem Freund und Mitstreiter

SERGIUS GOLOWIN

31. Januar 1930 bis 17. Juli 2006

In ewigem Gedenken.

Markus Berger und Oliver Hotz

Die Tollkirsche
Königin der dunklen Wälder

Mit einer Einleitung von Wolf-Dieter Storl

Impressum

Markus Berger und Oliver Hotz
Die Tollkirsche - Königin der dunklen Wälder

Verlegt durch
NACHTSCHATTEN VERLAG AG
Kronengasse 11
CH-4500 Solothurn
www.nachtschatten.ch
info@nachtschatten.ch

Layout: Janine Warmbier

Umschlaggestaltung: Janine Warmbier

Lektorat: Erick van Soest, Solothurn
Markus Berger, Knüllwald

Neuauflage 2021

Printed in EU
ISBN-Nr: 978-3-03788-109-5

Botanische Schreibweise beruht auf:
ZANDER (W. Erhardt et al.), ***Handwörterbuch der Pflanzennamen***, 17. Aufl., Stuttgart: Eugen Ulmer, 2002
Helmut GENAUST, ***Etymologisches Wörterbuch der botanischen Pflanzennamen***, 3. Auflage, Basel usw.: Birkhäuser, 1996

Inhalt

Einleitung

von Wolf-Dieter Storl

Einer der Namen, mit denen die alten Angelsachsen die Tollkirsche bezeichneten, war ***dwale***. Wort – verwandt mit dem althochdeutschen ***twellen*** (= verzögern, aufhalten, weilen, plagen, quälen) – beschreibt eine der Wirkungen, die diese Pflanze auf den Menschen auszuüben vermag. Dwale oder dwell bedeutet, von irgendetwas seelisch nicht loszukommen, an etwas hängenzubleiben oder, in der Sprache der psychedelika-geübten Hippies, »to be hung up«. Als ***Dwaler*** Dweller bezeichneten die Angelsachsen jemanden, den dieses Wolfskraut gefangen hatte und der nicht die geistig-seelische Kraft oder auch das Wissen besass, davon wieder loszukommen. Nicht dass man etwa glaube, Dweller wäre physisch abhängig wie der Zigarettenraucher oder Morphinist. Die Tollkirsche hat kein Suchtpotential. Nein, er war eher besetzt vom Deva dieser Pflanze. Sein Verhalten tendierte ins Zombiehafte,er hatte die Tendenz, ungewollt in tranceartige Zustände zu verfallen, er kam nicht leicht los von Erinnerungen oder den Bildern, die aus den andersweltlichen Dimensionen immer wieder hindurchschimmerten. Der Zustand konnte Jahre andauern.

Derjenige, der zum Dweller wurde, war jemand, der unberufen, aus Neugierde, Profit- oder Machtsucht, in das magische Reich der Belladonna eingedrungen war. Er musste für den Frevel zahlen, indem er einen Teil seiner Seele zurücklassen musste. Bei wahren Zauberern, bei den von Odin (Woden, Wotan) berufenen Schamanen oder Schamaninnen, war es anders. Sie wurden eingeweiht in den richtigen Umgang mit der Göttin dieser Pflanze. Ohne triftigen Grund betrat man nicht ihr Zauberreich. Solch ein Grund wäre etwa das Aufspüren des Zaubers oder des »Wurms« gewesen, der eine Krankheit verursacht hatte, der

Versuch, eine verloren gegangene Seele wiederzufinden und zurückzuführen oder um sich notwendigen Rat von Verstorbenen einzuholen. Das Wissen, wie man schamanisch mit der Pflanze umgeht, ist weithin verloren gegangen. Die Inquisition und Hexenverfolgung hat da gründliche Arbeit geleistet. Zudem ist die Pflanze dermaßen giftig, dass es keiner Gesetzgebung bedarf, um Leute vom Gebrauch abzuhalten. Zwischen zehn und zwanzig der reifen, heimtückisch süss schmeckenden Beeren genügen – dann nimmt die Göttin Atropa, die Unerbittliche, ihre Schere und durchtrennt den Lebensfaden. Wer würde sich schon daran wagen?

Die Hippies haben ja mit fast allem, was das Bewusstsein erweitert oder verändert experimentiert. Ein Bekannter erzählte mir von einer Reise mit seiner Freundin per Anhalter durch Frankreich. In einer bewaldeten Region irgendwo im Gebirge stießen sie auf eine fröhliche Gruppe Gitarre spielender, kiffender Hippies, die sie einluden mitzufeiern. In einem Kessel brodelte ein Zaubergebräu, das auch Tollkirsche enthielt. Die Freundin schlug die Einladung aus, einen Schluck mitzutrinken, aber mein Bekannter war neugierig. Nach einer Weile, nachdem er getrunken hatte, wurde ihm unwohl und etwas schwindlig. Ein kleiner Spaziergang würde gut tun. Er lief los. Obwohl es dunkelte, konnte er ungewöhnlich gut sehen. Der steil aufsteigende Weg führte zu einer Lichtung. Da sah er ein schönes junges Mädchen, das im weichen Moos gebettet auf einer Decke lag. Es lächelte ihn an und lud ihn ein, neben ihm Platz zu nehmen. Eine schönere Frau, erzählte er, hätte er noch nie gesehen. Es war Liebe auf den ersten Blick. Auch sie strahlte Verlangen aus. »Komm, lieg ein Weilchen mit mir«, flüsterte sie. Einzig der Gedanke an seine Freundin, die da unten im Hippielager auf ihn wartete, hielt ihn zurück. Er riss sich los und lief heulend und stolpernd zurück, kroch ins Zelt und schlief ein. Als er am nächsten Tag mit brummendem Schädel erwachte, drängte es ihn, nochmals die Stelle aufzusuchen, wo er das schöne Mädchen gesehen hatte. Vielleicht war es da. Er lief den steinigen Waldpfad hinauf. Gerade da, wo es auf dem Mooskissen gesessen hatte, endete der Weg abrupt. Vor ihm lag ein Felsabgrund. Es durchfuhr ihn wie ein Blitz: Hätte er auch nur einen

Schritt weiter auf das Mädchen zugetan, wäre er jetzt tot. Die Treue zur Freundin hatte ihm das Leben gerettet. Er war der Belladonna, der »schönen Frau«, begegnet!

Nach langer Vorbereitung und Meditation habe auch ich mich mit der Tollkirsche beschäftigt und eine zünftige Salbe gekocht. Als Ethnologe und Kulturanthropologe, der seine Forschung nicht nur auf Bücherlesen beschränken will, steht mir ein solches Experiment zu, meinte ich. Die Mondphasen beachtend sammelte ich die Beeren an einem alten keltischen Kultort und kochte sie, Obertöne und Mantras singend, rhythmisch sonnenläufig rührend in Gänsefett. So ungefähr müssen es die alteuropäischen Schamanen gemacht haben. Ich war vorsichtig mit dem, was ich dachte, denn – so heißt es – alles, was man denkt, wird in die Salbe mit hineingerührt und beeinflusst dann die astrale Reise. Als die Salbe abgekühlt war, rieb ich ein kleines bisschen davon in die Armbeuge und wartete. Es dauerte nicht lange, da sah ich einen Wolf am Fenster. Er war nicht etwa schemenhaft, sondern schien aus Fleisch und Blut zu sein. Ich konnte sein Hecheln hören. Dennoch war mir bewusst, dass es sich hier um ein andersweltliches Wesen handelte. Als ich den Wolf längere Zeit angestarrt hatte, verwandelte er seine Gestalt. Nun sah er eher aus wie ein Bergtroll. Dieser liess mich wissen, er würde mir das Tor öffnen und mich durch die andere Welt begleiten. Mir wurde bewusst, dass ich eigentlich keinen notwendigen Grund hatte, mich in diese Welt zu begeben. Das sagte ich ihm, bedankte mich und legte mich zu einem tiefen, erholsamen Schlaf nieder.

Dass mir ein Wolf erschienen war, ist – wenn man die Überlieferungen kennt – nichts Ungewöhnliches. Die Tollkirsche heißt ja auch Wolfsbeere, Wolfskirsch oder Wolfschriesi. Auch andere, die mit der Tollkirsche Selbstversuche angestellt haben, berichten von Wolfserscheinungen oder gar Wolfsverwandlungen (Werwolfphänomene). Wahrscheinlich kann man sich durch die Tollkirsche leicht mit dem Lupus-Archetypen verbinden. Vielleicht sind diese Wölfe auch Hüter der Schwelle, die unvorsichtigen, unlauteren Seelen, die in die Astral- oder Anderswelt vordringen, gefährlich werden oder sie sogar töten.

Neulich lernte ich einen Wilderer kennen, der sein »Revier« hier in den Allgäuer Wäldern hat. Als er mir erzählte, wie er in seinem »Beruf« die Tollkirsche anwendet, konnte ich nur über sein Wissen staunen. In der Zeit, in der er dem Wild nachstellt, nimmt er eine allmählich steigende Dosierung der reifen Beeren zu sich. Das macht ihn hellsichtig und hellhörig, er weiss dann, wo sich das Wild befindet und wo sich die feindselig gesinnten Jäger und Förster aufhalten. Auch kann er im Düsteren besser sehen. Die Dosierung und Anwendungsart darf ich leider nicht verraten. Es soll ein Geheimnis der Wilderer bleiben. Der kühne Wilderer gab eine recht verwegene Erscheinung ab und seine Augen leuchteten. Aber ein Dweller war er nicht. Er war ein Wissender, die Waldgötter und der Wolfsbeeren-Geist waren ihm gnädig. Der eiserne Besen der Inquisition hatte doch nicht so sauber gefegt, wie man allgemein annimmt. Einige sind also doch durch die Maschen geschlüpft und hüten ihr uraltes Geheimnis vor neugierigen Journalisten, Volkskundlern oder Ethnologen.

Dem Vater des Gedankens -

an Erwin Bauereiß

Dies Buch ist eigentlich das geistige Kind dreier Personen. Nicht nur der beiden Autoren und Herausgeber, sondern auch und vor allem von Erwin Bauereiß, seines Zeichens Nachtschatten-Experte, Zeitschriften-Herausgeber, Naturliebhaber und Schriftsteller.

Von Erwin Bauereiß stammt die Idee zu diesem Buch. Er hat uns zahlreiche wertvolle Materialien, Erfahrungswerte und Texte überlassen, welche für die Arbeit an diesem Werke von schier unerschöpflicher Bedeutung waren. Er knüpfte, mal aus dem Hintergrund, mal an vorderster Front wirkend, die Bande zwischen Verlag, Herausgebern und den zahlreichen Helfern, die an dieser Ausgabe beteiligt waren. Er war im Sturme des Arbeitseifers und im Dunkel des Nachtschattenwaldes Signalgeber und erhellendes Licht zugleich.

So haben wir nicht nur ***mit ihm***, sondern gerade ***für ihn*** dieses Buch geschrieben; seinem und unserem Wunsche entsprechend, der Tollkirsche ein öffentliches Forum zu verschaffen und vermittels dieser Schrift möglichst viele Wesen an der Pforte zum Reich des geheimen Pflanzenwissens zu empfangen und durch den Zauberhain der ***Atropa belladonna*** zu geleiten.

Aus: ***Pharmaceutische Waarenkunde: Handatlas der Pharmakologie***/WINKLER, Eduard. Leipzig: Schäfer, 1845.

Vorwort

von Markus Berger

»Die Tollkirsche spielte im Mittelalter als wichtige Zutat zu manchem Hexengebräu eine grosse Rolle. ***Atropa,*** nahm in der Mythologie der meisten europäischen Völker eine Vorrangstellung ein.«
(SCHULTES et HOFMANN 1998: 78)

Die Tollkirsche, ***Atropa belladonna***, oder besser gesagt: die gesamte und nicht gerade große Gattung ***Atropa*** ist botanisch wie ethnologisch äußerst interessant. So interessant, dass es uns Autoren möglich war, eine zwar vergleichsweise schmale, aber summa summarum dennoch umfangreiche Sammlung zu dieser Pflanze beziehungsweise diesen Pflanzen zusammenzutragen. Es ist mir unverständlich, dass es bis dato keine echte Monografie über ***Atropa*** in Buchform gibt, hat das Gewächs doch eine überaus immense Rolle innerhalb diverser Kulte, der Zauberpflanzenwelt und der Ethnobotanik im Allgemeinen, gespielt. Wenn ich hier die Vergangenheitsform bemühe, dann nicht ohne Grund. Tatsächlich ist der pharmakologische Gebrauch der ***Atropa***-Spezies in neuerer Zeit von nur noch geringer Relevanz, wenn von einer Relevanz überhaupt mehr gesprochen werden kann.
Pflanzenmonografien werden von den großen Verlagshäusern heutzutage sowieso ausschließlich publiziert, wenn diese ein möglichst breit gefächtertes Publikum ansprechen, also zum Beispiel dem »Beuteschema« der Gartenfreunde, Floristen und Pflanzensammler entsprechen. Das ist nicht als Nachteil zu werten, im Gegenteil: Viele neue und eminent wichtige Werke werden auf diesem Anforderungsprofil fußend produziert.

Nicht minder essentiell sind und bleiben aber dennoch auch die Abhandlungen und bibliografischen Kollektionen zu den Wildpflanzen – für das Gebiet der Pharmakobotanik speziell zu den relevanten Medizinal – oder psychoaktiven Gewächsen. Hier tun sich glücklicherweise noch eine Handvoll Nischenverlage hervor, die mit der Herausgabe solcher in toto risikobehafteten Bände sowohl ein enormes wirtschaftliches Wagnis eingehen als auch eine Meisterleistung vollbringen, und ich möchte nicht versäumen, dem Nachtschatten Verlag als einem Vertreter dieser Nischen meinen aufrichtigen Dank für alle Bemühungen zu sagen und meine Hochachtung zu zollen. Er hat mit mir bereits eine Doppelmonografie zu den Gattungen ***Datura*** und ***Brugmansia*** realisiert, welche ebenso notwendig war wie die jetzt in diesem Band vorliegende.

Ein über Jahre andauernder Arbeitseifer ermöglichte uns, dieses verdichtete Sammelsurium zur Tollkirsche, das auch als solches verstanden werden will, zusammenzutragen. Trotz des eingeschränkten öffentlichen Interesses hoffen wir auf eine möglichst weite Verbreitung der hiermit vorgelegten Publikation und darauf, die wissenschaftlichen Aspekte wie auch die mannigfaltigen Mythen rund um ***Atropa belladonna*** und ***Atropa*** spp. der Leserschaft zu erhellen.
Möge dies schmale Bändlein die Informationshungrigen und Wissbegierigen um so manches Schätzlein bereichern.

Ich danke allen, die im Rahmen der Erstellung dieses Buches entweder mitgewirkt haben oder mir geistiger Beistand waren: meiner Frau Bianca, die viele Stunden mit dem Abschreiben der relevanten ***Atropa***-Zitate verbracht hat, natürlich Oliver Hotz für seine großartige Forschungsarbeit, die einen wertvollen Teil dieses Buches ausmacht, meinem Freund und Verleger Roger Liggenstorfer für alle Mühen und die liebevolle Unterstützung sowie der ganzen Nachtschatten-Crew, dem großen und unvergesslichen Sergius Golowin (IN MEMORIAM!), der mir so manchen unentbehrlichen Rat mit auf meinen Weg gab, meinem Freund Wolfgang Bauer, der wichtige Segmente des Buches beigesteuert hat und seiner Frau Katja, Christian Rätsch und Claudia Müller-Ebeling für ihre umfangreiche Bibliothek und ihre bedeutenden Arbeiten im ethnologischen Bereiche und Wolf-Dieter Storl für seine einführenden Worte. Außerdem danke ich Erwin Bauereiß, meinem Stammantiquar Tilman Boller, Herman de Vries, Hartwin Rohde, Beate Engelhard, Michael Steinmetz, Jochen Gartz, Ulrich Holbein, Janine Warmbier, Erick van Soest und Alexander Ochse. Ganz besonders danke ich meinem Sohn Mirko, meinen Eltern Marianne und Reinhard Berger und selbstverständlich meinem Bruder Andreas.

Markus Berger, Knüllwald im Juni 2007

Hinweis: Persönliche Anmerkungen im Text sind mit den Initialen OH (für Oliver Hotz) beziehungsweise MB (Markus Berger) versehen.

Abb. 1.
Zeichnung der Tollkirsche;
Quelle: JACKSON, ***Experimental Pharmacology and Materia Medica***

Vorwort

von Oliver Hotz

»Da, wo der Mensch die Wälder rodete,
da schießt Belladonna auf, also als erste
Pflanze, die den menschlichen Kreis betritt.«
(Gustav SCHENK 1939)

Mein Beitrag zu diesem Buch basiert auf einer Arbeit, die ich im Herbst 2001 erstellt habe. Beim Überarbeiten dieses Schriftstücks verspürte ich dieselbe Faszination für die Tollkirsche wie damals, als ich mich zum ersten Mal dieser speziellen Staude näherte. Der starke Charakter, die vielseitigen Anwendungen, die bewegte Geschichte und ihre Bedeutung als psychedelisches Rauschmittel machen die Tollkirsche zu einem besonderen Gewächs der heimischen Flora. In diesem Buch wollen wir uns nun allein dieser magischen Pflanze annehmen.

Es sind zehn Jahre vergangen, seitdem ich begann, mich mit psychoaktiven Pflanzen zu befassen, und es ist nach wie vor erschreckend zu erkennen, wie wenig verlässliche Information zur Verfügung steht. Im Vergleich mit anderen Forschungsgebieten wird kaum Neues über die Wirkung von psychoaktiven Pflanzen publiziert. Und dies, obwohl es zweifelsfrei sehr interessant wäre, mehr über die Wirkmechanismen und die Anwendung dieser Pflanzen zu erfahren. Leider sehen sich Forscher, die in diesem Bereich arbeiten wollen, oft mit schier unüberwindbaren, formellen Hindernissen und diffusen Vorurteilen konfrontiert.

Es ist an der Zeit, einzusehen, dass psychoaktive Gewächse weder teuflische Dämonen noch nutzlose Giftpflanzen sind.

Der Konsum von psychotropen Pflanzen birgt Risiken, doch Gewächse wie die Tollkirsche begleiten den Menschen schon seit Tausenden von Jahren. Der rituelle Konsum psychedelischer Drogen hat unsere Kultur geprägt und bringt durchaus auch Nutzen.
Es sind nicht die Pflanzen, die Schaden anrichten, sondern es ist die unsachgemäße Anwendung, welche zu Unfällen führt.
In vielen Bereichen des Lebens werden Risiken bewusst in Kauf genommen. Doch das Gebiet rund um die psychoaktiven Stoffe bleibt ein Tabu unserer Zeit. Zu Unrecht, wie ich finde. Ein vernünftiger, gesellschaftlich eingebetteter Konsum von psychoaktiven Pflanzen sollte vertretbar sein. Je länger ich mich mit Gewächsen wie der Tollkirsche beschäftige, desto mehr fühle ich mich darin bestärkt, dass diese wundervollen Pflanzen vor allem aus Unwissenheit und der Furcht vor Fremdem verdammt werden.

Umso mehr freut es mich nun, zusammen mit Markus Berger dieses Buch schreiben zu können. Ich hoffe, dass wir mit diesem Werk ein besseres Licht auf die Tollkirsche zu werfen vermögen und wenigstens einem Teil der Räubergeschichten entgegentreten können, die über diese Heil- und Zauberpflanze kursieren.

In diesem Zusammenhang möchte ich Roger Liggenstorfer für sein Engagement und sein Vertrauen danken. Ich danke Dr. Fabian Egloff für seine nicht selbstverständliche Unterstützung, Dr. Thomas Hunziker für die Ermöglichung der Analysen, Christian Rätsch, Erwin Bauereiß und allen lieben Freunden, die mich bei der Arbeit mit psychoaktiven Pflanzen begleitet und so ihren Beitrag zu diesem Buch geleistet haben.

Oliver Hotz, Zürich im Juni 2007

»In schattigen Bergwäldern begegnen uns große, zarte Blätter eines meterhohen Gewächses mit glänzend schwarzen Beeren, die von Kindern oft für Herzkirschen gehalten werden und doch so giftig sind, dass sie bisweilen den Tod herbeiführen können: die Tollkirsche (...).«
(HERTWIG 1938: 228)

»Es werden anhand der Farbe der Blüten und der reifen Früchte zwei Varietäten unterschieden (...): ***Atropa belladonna*** var. ***belladonna***: violette Blüten, schwarze Früchte [und] ***Atropa belladonna*** var. ***lutea*** DÖLL [syn. ***Atropa lutescens*** JACQ. ex C.B. CLARKE, ***Atropa pallida*** BORNM., ***Atropa belladonna*** L. var. ***flava***; vielleicht: ***Atropa acuminata*** ROYLE ex LINDL.]: rein gelbblühend, gelbe Früchte.«
(RÄTSCH 1998: 80)

Nomenklatur und botanische Zuordnung

Die Gattung ***Atropa*** gehört zur Familie der ***Solanaceae*** (Nachtschattengewächse) und ist nach HUNZIKER (2001) wie folgt in die botanische Stammtafel eingeordnet:

Stamm: Blütenpflanzen
Klasse: Zweikeimblättrige Pflanzen
Familie: ***Solanaceae*** (Nachtschattengewächse)
Subfamilie: ***Solanoideae***
Tribus: ***Atropeae***

Atropa belladonna LINNÉ, die Tollkirsche und schöne Frau des Waldsaumes, wird volkstümlich auch Aeofichkirsche, Âterennbêri (schw.), Âterennblêtter (schw.), Bärenmutz, Bärenwurz, Banewort (engl.), Barstkirsche, Barstkörner, Beilwurz, Belladona (span.), Belladonna, Belladonnaurt (norw.), Belladonne, Belledame, Bellwurz, Bennedonne, Bockwurz, Bolwesbeere, Bollwurz, Bouton noir (frz.), Bullkraut, Bullwurz, Burchert, Burchertskirsche, Buschkirsche, Cerabella, Chrottebeeri (schw.), Chrottebêri (schw.), Chrottenbêri (schw.), Chrottenblueme (schw.), Deadly Nightshade (engl.), Deiweilskersche, Dohrdbeer, Dohrdigbeer, Dol, Dollbeere (schw.), Dollkraut, Dolo, Dolone, dolwortz, Dolwurtz, Dolwortz, dolo (?), Donkraut, Doriche Bercher, Dulbär, Dulcruyt, Dullefahren, Dwale, Dway berry (engl.), English belladonna (engl.), Enzerber, Fahrenkraut, Galnebær (dän.), Geftige Kirsch, Giftbeere, Giftbirl, Giftchriesi, Giftkirsche, Giftkriesi, Great morrel (engl.), Groote nachtschaed, Große Graswurzel, Großer Nachtschatten, Hamerbuerz, Hennebloemen (holl.), Hexenbeere, Hexenkraut, Hirschweichsel, Höllenkraut, Höllenwurzel, Hônerkirschen, Hühnerkirschen, Hundsbeer, Hundskrische, Irrbeere, Jijibe laidor (marok.), Juddekersche, Juddekîscht (luxb.), Judebircha, Judenbeeri (schw.), Judenkernlein, Judenkiässe, Judenkirsche (auch Synonym für ***Physalis*** spp.), Judentraube, Judetchesp, Juudnkäesche (ung.), Knallbeerkraut, Knellbeere, Knellkirsche, Kreunoeugn, Krouâge, Krötenblume, Krötenbeere, Lickwetssn, Luxen-Martin-Beri (schw.), Mandragora Theophrasti, Mäusepfeffer, Mörderbeere, Morel, Morelle furieuse (frz.), must belladonna (estl.), Närrisch Perla, Närr'sch Ting'r, Poison black cherry (engl.), Pokrzyk (pol.), Pokrzyk wilcza jagoda (pol.), Pollwurz, Rasewurz, Rasenwurz, Rasenwurzel, Rattenbeere, Rattenpfeffer, Resedawutteln, Römerin, Römerinne, Röwerint, Satanskraut, Saukirsche, Saukraut, Säukraut, Säuwurz, Schafsbinde, Schdarbbea, Schlafapfel, Schlafbeere, Schlafbeerkraut, Schlafkirsche, Schlafkraut, Schlaffbehr, Schlaffkirschen, Schlaffkraut, Schlangenbêri (schw.), Schlangenbeere, Schöne Frau, Schönes Mädchen, Scholi-Blum, Schwarzbeer, Schwindelbeere, Schwindelkirsche, Schwindelbeere, Schwoartspiir, Sewkraut, Sleeping nightshade (engl.), Spreyen, Sprenkler, Strignus,

Stophwrz, Teerisch Perl, Teiflskraut, Teufelsauge, Teufelsbeere, Teufelsbeeri, Teufelsbinde, Teufelsgäggele, Teufelsgückle, Teufelskirsche, Teufelskesper, Tholkraut, Tintenbeere, Todeskraut, Tödlicher Nachtschatten, Tollbir, Tollbeer, Tollbeere, Tolle Tüfus-Beeri, Tollkarschen, Tollkiescht, Tollkirsche, Tollkraut, Tüfusbeeri, Twalmwurz, Uva lupina, Uva versa, Vahrenkraut, Vochelsbeere, Vochelskersch, Walckenbaum, Waldnachtschaden, Waldnachtschatt, Waldnachtschatten, Waldchriesi, Walkerbaum, Walkerbeere, Walkürenbeere, Well Kirsch, Wilcza Jagoda (pol.), Wilder Tabak, Wolfsauge, Wolfsaugen, Wolfsbeere, Wolfschriesi (schw.), Wolfskers (holl.), Wolfskerschn, Wolfskers soort (holl.), Wolfskirsche, Wutbeere, Wuth-beer, Wuthbeere, Wüthbeere, Wuthkirsche und Yerva mora genannt.

An älteren wissenschaftlichen Bezeichnungen, den Synonyma, mangelt es indes auch nicht. Früher wurde die Tollkirsche als ***Atropa belladonna*** L. ssp. ***gallica*** PASCHER, ***Atropa belladonna*** L. ssp. ***grandiflora*** PASCHER, ***Atropa belladonna*** L. ssp. minor PASCHER, ***Atropa letalis*** SALISB., ***Atropa lutescens*** JACQ. ex C.B. CLARKE, ***Atropa pallida*** BORNM., ***Belladonna baccifera*** LAM., ***Belladonna trichotoma*** SCOP., ***Solanum bacca nigra, Solanum letale*** oder ***Solatrum mortale*** bezeichnet.

»Möglicherweise wurde die Tollkirsche von Dioskurides unter dem Namen ***strychnos manikos*** beschrieben (...). Der Name hat zu großen Verwirrungen geführt und stellt bis heute ein ethnobotanisches Rätsel dar.« (RÄTSCH 1998: 80)[1]

---

[1] Das Greek-English Lexicon von LIDELL et SCOTT erläutert, dass die Bezeichnung »strychnos manikos« auf den englischen Begriff thorn-apple (Stechapfel) zurückzuführen sei.

Aussehen

»Der gabelästige Stamm trägt jeweils aus einem großen und einem kleinen Blatt bestehende Blattpaare, die durch charakteristische Verwachsungs- und Verzweigungsverhältnisse des Sprosses zustande kommen. Die violettbraune, glockige Blüte entwickelt eine tiefschwarz glänzende, sehr giftige Beere.«
(KAISER 1955: 639)

Die Tollkirsche ist ein mehrjähriges, staudenartiges Gewächs, das über einen Meter fünfzig hoch werden kann. Sie trägt längliche, ovale und spitze Blätter und eine glockenförmige violette bis bräunliche Blüte (»Hummelblüte«), die aus einem fünfzipfeligen, grün-gelblichen Kelch sprießt. Die zunächst grüne, später tiefschwarze Beere ist in etwa so gross wie eine Kirsche und bildet sich nach der Blüte in deren Kelch. Die Früchte enthalten viel von einem stark violett färbenden, süßen Saft sowie sehr viele hellbraune, nierenförmige Samen. Blütezeit ist von Juni bis August, kann sich aber vereinzelt bis in den Oktober ziehen. Die Beeren bilden sich von August bis September. »Die Pflanze hat im Sommer gleichzeitig grüne Blütenknospen, braune Blüten, grüne unreife Beeren und schwarze reife Beeren« (ROTH et al. 1994: 157).

Die Tollkirsche mit ihren unverwechselbaren Blütenkelchen

Exkurs: Hauptmerkmale der *Atropa*-Blätter (Folia Belladonnae)

Morphologie:
Spreiten elliptisch-eiförmig zugespitzt, bis über zwanzig Zentimeter lang, bis zehn Zentimeter breit, ganzrandig. Oberseite grün-bräunlich; Unterseite grün-graulich; Nervatur der Unterseite schwach behaart. Kurzer Blattstiel.

Epidermis:
Schwache Epidermiszellen der Oberseite, stark wellig-buchtige Epidermiszellen der Unterseite. Spaltöffnungen mit drei Nebenzellen.

Haarformen:
Gliederhaare mehrzellig, Drüsenhaare langgestielt mit vielzelligen, gekrümmten Köpfen (Zellen sind zweireihig angeordnet).

Kristallformen:
Kristallsandzellen.

Das typische *Atropa*-Blatt

Exkurs: Mikroskopie der Tollkirschensamen

Die folgenden Bilder zeigen die Oberflächenstruktur eines Samens der Tollkirsche in verschiedenen Vergrößerungen unter einem Rasterelektronen-Mikroskop. Die Aufnahmen sind weltweit bisher einzigartig und wurden eigens für eine wissenschaftliche Arbeit von Oliver Hotz aufgenommen.

Bild 1: 20-fache Vergrößerung eines Tollkirschensamens
Bild 2: 40-fache Vergrößerung

Bild: 1

Fotonummer: REM01_5173
Vergrösserung:
Ätzung:
Aufnahme: SE2
Probe: Tollkirsche

Bild: 2

Fotonummer: REM01_5173
Vergrösserung:
Ätzung:
Aufnahme: SE2
Probe: Tollkirsche

Bild 3: 200-fache Vergrößerung
Bild 4: 4000-fache Vergrößerung
Bild 5: 80000-fache Vergrößerung

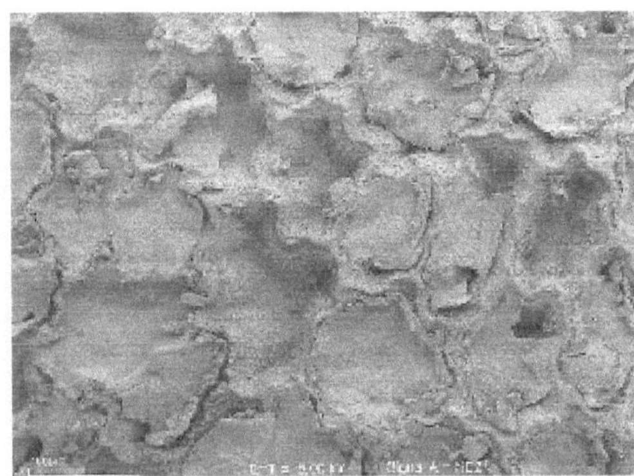

Bild: 3

Fotonummer: REM01_5173
Vergrösserung:
Ätzung:
Aufnahme: SE2
Probe: Tollkirsche

Bild: 4

Fotonummer: REM01_5173
Vergrösserung:
Ätzung:
Aufnahme: SE2
Probe: Tollkirsche

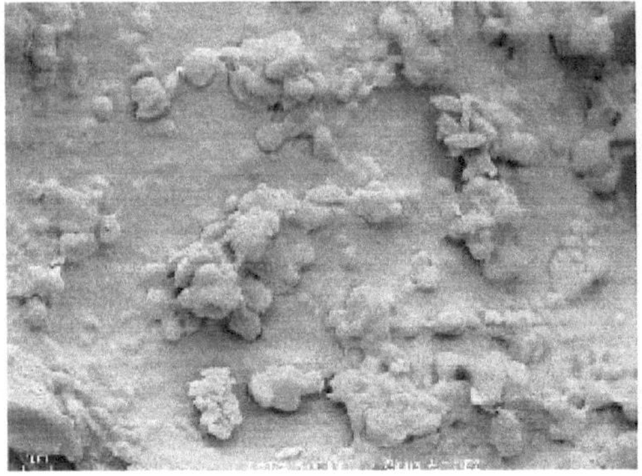

Bild: 5

Fotonummer: REM01_5173
Vergrösserung:
Ätzung:
Aufnahme: SE2
Probe: Tollkirsche

Vorkommen

Atropa belladonna ist in Europa (Mittel-, West- und Süd-Europa, Irland, Dänemark und Schweden) und außerdem in Kleinasien, im Iran und im Balkan heimisch und kommt heute sogar in Nordafrika vor. In Griechenland ist sie selten und nur in bergigen Regionen anzutreffen. In den Alpen kommt sie bis zu etwa 1700 Meter Höhe vor. In der Schweiz und in Deutschland ist die Tollkirsche weit verbreitet.
Atropa belladonna wächst bevorzugt an schattigen Plätzen und auf kalkreichem Boden in Laubwäldern, an Waldrändern, an Waldwegen und auf Lichtungen. Die Pflanze ist jedoch ziemlich vielseitig, und wächst eigentlich fast überall, so habe ich (OH) zum Beispiel ein Tollkirschenexemplar vor dem Landesmuseum mitten in der Stadt Zürich, am Straßenrand in der prallen Sonne, entdeckt.

Inhaltsstoffe

»Atropinsulfat (...): Farblose Kristalle oder weißes, kristallines Pulver, geruchlos; sehr leicht löslich in Wasser, leicht löslich in Ethanol, praktisch unlöslich in Ether. Die 15 min. lang bei 135 °C getrocknete Substanz schmilzt bei etwa 190 °C unter Zersetzung. Apoatropin: 0.01g Substanz werden in Salzsäure (...) zu 100.0 ml gelöst. Die Absorption der Lösung wird bei 245nm gemessen.«
(N.A. 2001: 588)

Die Tollkirsche enthält die Tropan-Alkaloide Atropin und L-Hyoscyamin als Hauptkomponenten, daneben Apoatropin, Scopolamin, Belladonin und weitere Tropan-Alkaloide sowie die Cumarine Scopoletin und Scopolin und andere Wirkstoffe, zum Beispiel Flavonolglykoside, Gerbstoffe usw.

In der frischen Pflanze kommt hauptsächlich (-)-Hyoscyamin vor, welches sich nach der Ernte und während des Trocknungsprozesses in Atropin umwandelt. Die stärkste Konzentration an Atropin enthalten mit bis zu 9,6 Prozent die reifen Beeren. Angeblich erhöht sich der Alkaloidgehalt der Tollkirsche in Vergesellschaftung mit Beifuß (***Artemisia vulgaris***) (Schrödter 1997: 189).

»Der durchschnittliche Gesamtgehalt an Tropan-Alkaloiden beträgt in den Wurzeln 0,85 %, Samen 0,8 %, Früchten 0,65 %, Blättern 0,5 - 1,5 % (...) und Blüten 0,4 %, wobei zu berücksichtigen ist, dass tetraploide Formen, die anthocyanfreie gelbe Varietät und Pflanzen, die auf schweren Böden und in höheren Lagen wachsen, alkaloidreicher sind als andere (...).« (Frohne et Pfänder 1987: 236)

Was sind eigentlich Alkaloide?

Die Gruppe der Alkaloide besteht aus Verbindungen, die keine einheitliche chemische Stoffklasse darstellen. Alkaloide wurden erst relativ spät entdeckt und die Alkaloidchemie im Jahre 1817 begründet. Als erstes Alkaloid isolierte Friederich Wilhelm Adam Sertuerner (1783 bis 1841) anno 1803 das Morphium aus dem aus der Schlafmohnpflanze, ***Papaver somniferum,*** hergestellten Opium.

»Der Name Alkaloide ist eine Sammelbezeichnung für organische Stickstoffverbindungen basischen Charakters. In ihrem chemischen Aufbau zeigen die einzelnen Vertreter erhebliche Unterschiede. Viele von ihnen finden wegen ihrer spezifischen physiologischen Wirkung medizinische Verwendung. Sie kommen bei zahlreichen Pflanzengruppen vor, sind jedoch für einige Familien, z.B. Nachtschattengewächse (...), geradezu charakteristisch.« (Nultsch 1996)

Die Bezeichnung »Alkaloid« wurde 1818 geprägt. Der Terminus umschreibt alkaliähnliche Stoffe, was auf die offensichtlich basischen Ei-

genschaften vieler bekannter Alkaloide abzielt. Doch nicht alle Alkaloide zeigen tatsächlich basische Reaktionen. Beispiele für solche Substanzen sind zum Beispiel Colchicin aus der Herbstzeitlosen (***Colchicum autumnale***), Piperin aus der Pfefferpflanze (***Piper spp.***) oder Stachydrin aus dem Knollen-Ziest (***Stachys sieboldii***).
Nach einer neueren Definition umfasst die Stoffklasse der Alkaloide alle stickstoffhaltigen Verbindungen aus dem Tier- und Pflanzenreich, die weder in die Stoffklassen der Aminosäuren, Peptide, Nukleotide (Bausteine für RNS/DNS), Purine, Pyimidine, Pyrazine, Pterine, Vitamine (außer solche aus dem Aminosäurenstoffwechsel, wie zum Beispiel Psilocybin als Abkömmling von Tryptophan; Anm. OH) fallen, noch deren Derivate. Eine Anzahl von Aminen mit Sekundärstoffcharakter, wie zum Beispiel Ephedrin, Capsaicin und Hordenin, werden auch als Protoalkaloide bezeichnet (RÄTSCH 1998). Die Alkaloide werden je nach Verwandtschaft in verschiedene Gruppen wie Tropan-Alkaloide, Harmine, Opiate etc. eingeteilt.

Die Tropan-Alkaloide der Tollkirsche en détail

Tropan-Alkaloide sind Tropanal-Ester. Als Ester bezeichnet man chemische Verbindungen, welche aus organischen und anorganischen Alkoholen und Säuren durch Veresterung (= Wasserabspaltung) entstehen. Diese Alkaloide sind außer in den Nachtschattengewächsen auch in Spezies der Gattung ***Erythroxylum*** (z.B. ***E. coca*** = Cocastrauch) nachweisbar. Grundsätzlich kommen die psychisch wirksamen Inhaltsstoffe der Tollkirsche in allen Pflanzenteilen vor: in den Blättern, im Stängel, in der Wurzel und im Samen. Die höchste Konzentration findet sich im Samen und in den Blättern.

Atropin

Syn.: DL-Hyoscyamin, Tropintropat u.a.
Kommt in der Tollkirsche in hoher Konzentration als Hauptalkaloid vor.

Beschreibung:
Summenformel $C_{17}H_{23}NO_3$
Chemische Verwandtschaft mit Kokain, Hyoscyamin und Scopolamin. Atropin wird medizinisch bei Augenoperationen und Asthma sowie zur Narkoseeinleitung eingesetzt. Atropin kann halluzinogen wirken, unterliegt aber nicht dem BtmG.

Hyoscyamin

Syn.: L-Atropin, L-Hyoszyamin u.a.
Kommt in ***Atropa*** (je nach Art) in hoher Konzentration als Hauptalkaloid vor.

Beschreibung:
Summenformel $C_{17}H_{23}NO_3$
Chemische Verwandtschaft mit Kokain, Atropin und Scopolamin. Hyoscyamin wandelt sich unter Trocknung in Scopolamin um und weist ein diesem identisches pharmakologisches Profil auf. Hyoscyamin wirkt halluzinogen und unterliegt nicht dem BtmG.

Scopolamin

Syn.: Hyoscin, Skopolamin u.a.
Das pharmakologisch wichtige Scopolamin kommt in der Tollkirsche nur als Nebenalkaloid vor.

Beschreibung:
Summenformel C17 H21 NO4
Chemische Verwandtschaft mit Kokain, Atropin und Hyoscyamin. Scopolamin und Nebenformen dieses Stoffes werden medizinisch als Hypnotikum und Krampflöser verwendet. Die letale Dosis (LD50) beim Menschen liegt bei vierzehn Milligramm. Scopolamin ist ein mitunter narkotisch wirkendes Halluzinogen, unterliegt aber nicht dem BtmG.

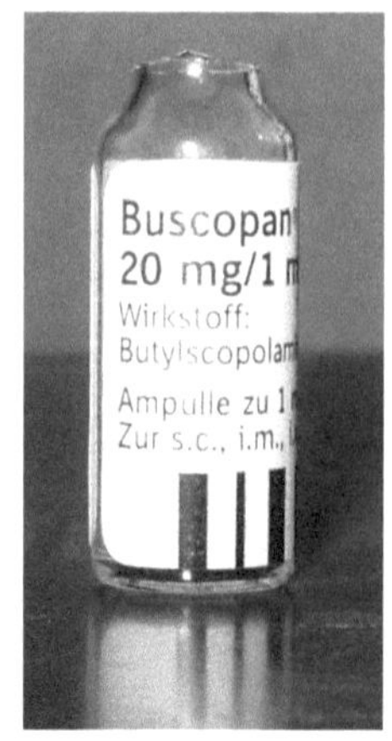

Exkurs: Die *Atropa*-Spezies

Neben ***Atropa belladonna*** L. gibt es noch eine Reihe weiterer Arten der Gattung *Atropa.* Diese werden aufgrund ihrer speziellen Vorkommen ethnopharmakologisch allerdings nicht so universell genutzt.

* ***Atropa acuminata*** ROYLE ex LINDL.	Indische Tollkirsche
* ***Atropa aspera*** RUIZ et PAVÓN	Rauhe Tollkirsche
* ***Atropa baetica*** WILLK.	Iberische Tollkirsche
* ***Atropa biflora*** RUIZ et PAVÓN	Zweiblütige Tollkirsche
* ***Atropa caucasica*** KREYER	Kaukasische Tollkirsche
* ***Atropa cordata*** PASCHER	Herzblättrige Tollkirsche
* ***Atropa digitaloides*** PASCHER	Fingerblättrige Tollkirsche
* ***Atropa komarovii*** BLIN. et SHAL	Turkmenische Tollkirsche
* ***Atropa pallidiflora*** SCHÖNBECK-TEMESY	Iranische Tollkirsche

Tabelle 1. Verbreitung der Arten

Atropa acuminata	Asien (Indien)
Atropa aspera	Amerika (Peru)
Atropa baetica	Europa (Spanien)
Atropa belladonna	Europa, Asien, Afrika
Atropa biflora	Amerika (Peru)
Atropa caucasica	Asien (Kaukasus)
Atropa cordata	Europa
Atropa digitaloides	Europa
Atropa komarovii	Asien (Turkmenistan)
Atropa pallidiflora	Asien (Iran)

Nomenklatorische Revisionen:

Die ehemalige ***Atropa arborescens*** LINNÉ ist mittlerweile zu ***Acnistus arborescens*** (L.) SCHLTDL. und ***Atropa rhomboidea*** GILL. et HOOK. zu ***Salpichroa origanifolia*** (LAM.) BAILL. geworden.
Atropa x martiana FONT QUER ist eine Hybridform aus ***Atropa belladonna*** und ***Atropa baetica*** (RÄTSCH 1998: 85).

Pflege, Vermehrung und Zucht

Die Pflege

Dieses Kapitel fällt vergleichsweise schmal aus. Die Wenigsten werden versuchen, die Tollkirsche im Garten zu kultivieren. Natürlich ist dies im Erdboden oder sogar im Kübel durchaus möglich – andere Verwandte aus der ***Solanaceae***-Familie haben das längst bewiesen – der reichhaltige natürliche Bestand der ***Atropa belladonna*** in heimischen

Wäldern führt allerdings eigentlich eine Heimkultur ad absurdum. Es sei denn, diese geschieht zu bestimmten Zwecken, etwa der näheren Untersuchung der Pflanze, des Wachstumsverhaltens wegen oder einfach aus botanischem, gärtnerischem Interesse. Laut einer mündlichen Mitteilung vom Kollegen Alexander Ochse existiert in Kassel eine mittlerweile verwilderte, ehemalige ***Atropa***-Plantage, die einst als Grundlage und Quelle für eine medizinische Atropin-Extraktion diente (OCHSE 2006). Heute existieren große kommerzielle Tollkirschen-Anbaugebiete in Ost- und Südeuropa, in Brasilien, Nordamerika und Pakistan (RÄTSCH 1998: 81).

Für gärtnerisch ambitionierte Leser, hier einige Hinweise und Tipps für die Pflege der Tollkirsche:

Standort und Licht

Wird die Tollkirsche im Garten gehalten, so sollte sie im Kübel oder direkt im Freiland an einen halbschattigen bis schattigen Standort gebracht werden.

Wasser

Die Tollkirsche benötigt in Kultur ausreichende Wassergaben. Im Hochsommer ist es von Vorteil, Atropa täglich oder in zweitägigem Turnus zu gießen.

Erde/Substrat

Ob im großen Topf oder im Freiland: Tollkirschen benötigen ein nährstoff- und vor allem kalkreiches Erdgemisch. Ein ideales Substrat wird aus handelsüblicher Kübelpflanzenerde mit zwei Teilen Sand bereitet.

Überwinterung

Die winterharte Tollkirsche bedarf im Grunde keiner Überwinterung im Haus. Im heimischen Wald übersteht die Pflanze die kalten Monate tadellos. Vorsichtige Pflanzenpfleger können natürlich trotzdem die Frostzeit von Mitte/Ende Oktober bis Anfang April mit einer Kellerlagerung bis zehn Grad Celsius überbrücken. So nehmen die Gewächse auch wirklich keinen Schaden. Höhere Temperaturen allerdings machen die Tollkirschen anfällig für Schädlinge.

Die Vermehrung

Christian Rätsch vermerkt in seiner »Enzyklopädie der psychoaktiven Pflanzen« zur ***Atropa***-Vermehrung Folgendes:
»Am einfachsten und erfolgreichsten ist die Vermehrung mit Stecklingen von neu ausgetriebenen Schößlingen oder durch Ableger vom Wurzelstock« (Rätsch 1998: 81).
Das ist in der Tat die beste Methode. Die gewonnenen Stecklinge (etwa zehn bis fünfzehn Zentimeter lang; aus nicht allzu jungen, aber auch nicht verholzten Trieben) oder Ableger werden im unteren Bereich vom Laub befreit und können für einige Zeit in Wasser gestellt und damit neu bewurzelt werden; auch erweisen sich spezielle Wurzelhormone aus dem Gartenfachhandel als sinnvoll. Diese werden ins Wasser gegeben und begünstigen das Wachstum. Einige Male hat es bei mir (MB) auch schon funktioniert, frische Stecklinge mit schräger und getrockneter Schnittkante einfach in neues Substrat zu verfrachten und zu warten, bis diese dort Wurzelfasern ausbilden. Allerdings kann die Methode durchaus auch fehlschlagen.
Die generative Vermehrung, also die Vermehrung über Samen, ist bei ***Atropa*** längst nicht so einfach, wie beispielsweise bei ***Datura*** (Stechapfel) oder ***Brugmansia*** (Engelstrompete). Christian Rätsch erklärt: »Die Anzucht aus Samen ist recht schwierig, da weniger als 60 % der Samen keimfähig sind« (Rätsch 1998: 81). Trotzdem kann der Versuch Erfolgserlebnisse bergen:

Die Zucht der Tollkirsche aus Samen

Ich (OH) sammelte im Sommer 2000 einige Beeren der ***Atropa belladonna***. Deren Samen mussten jedoch stratifiziert werden, um eine Keimfähigkeit gewährleisten zu können. Da ich mir nicht die Mühe machen wollte, das Saatgut aus den Beeren zu pellen und diese dann mit Sand oder Alkohol zu reinigen, verteilte ich Anfang Februar 2001, als die Temperaturen noch regelmäßig unter den Gefrierpunkt sanken, fünf Beeren in einem Topf von etwa 30 Zentimetern Durchmesser gleichmäßig auf der Muttererde und bedeckte diese mit etwa drei Zentimetern frischem Substrat. Ich stellte den Topf im Freien an eine geschützte Stelle und wartete. Als Anzuchterde diente mir eine Mischung aus zwei Dritteln Torferde, einem Viertel kalkhaltiger Gartenerde und etwas Sand und Hornmehl als Stickstofflieferanten. Gegen Ende des Monats März reckten sich an den fünf Saatstellen erste Keimlinge aus der Erde. Diese zeigten wie erwartet zwei fein behaarte, spitz zulaufende Cotyledonen (Keimblätter). Der Stängel und die Keimblätter sind in diesem Stadium hellgrün. Mit zunehmender Sonneneinstrahlung verfärbten sich die Stängel dunkelgrün und wurden schließlich violett. Einige Exemplare hatten zeitweise auch knallig bordeauxroten »Sonnenbrand«. Ich schützte die jungen Tollkirschen vor zu viel Sonne, in dem ich den Topf mit den Pflänzchen zwischen einige schon größere Pflanzen stellte. Nach wenigen Tagen war der Topf von 50 bis 80 Keimlingen bevölkert. Ich dünnte noch nicht aus, wie es in der Literatur empfohlen wird, da ich befürchtete, dass viele Pflanzen die ersten Monate nicht überleben würden.

Die Spatzen der Nachbarschaft fanden indes Gefallen an den noch wehrlosen Tollkirschen. Ich schützte meine Pflanzung mit einem Netz vor den hungrigen Vögeln, die den Bestand auszurotten drohten. Als ich im Juni umzog, hatte ich nun einen Garten zur Verfügung. Die Zeit war günstig, – ich pflanzte die kleinen Gewächse ins Freie. Von den fünf Wäldchen aus Keimlingen, die zu Beginn sprossen, waren noch drei unversehrte Büschel und einige vereinzelte Pflanzen übrig. Ich suchte einen Standort aus, wo sie für etwa ein Drittel des Tages der vollen Sonne ausgesetzt waren, sonst aber vorwiegend im Schatten standen. Beim Aussetzen trennte ich die Keimlinge in sechs Grüppchen. Kurz nach dem Standortwechsel stockten die Pflanzen etwas im Wachstum. Bald hatten sie sich zwar eingewachsen, doch schien ihnen ihr neuer Standort nicht besonders gut zu bekommen. Sie wuchsen nun deutlich langsamer als im Topf auf dem Balkon. Zudem hatte ich bald Probleme mit Schnecken, die gern an den Tollkirschen knabberten. Von nun an streute ich täglich frische Asche um meine Pflanzung und sortierte mehrmals in der Woche alle Schnecken aus der gesperrten Zone. Dies hielt die meisten Kriechtiere ab, doch immer wieder gelang es einigen Exemplaren, sich an den Pflanzen zu vergreifen. Die Blätter der Gewächse waren eigentlich immer an-, einige Male sogar abgefressen. Ich denke, dass der andauernde Kampf gegen die Schnecken die Tollkirschchen viel Kraft gekostet hat. Ein Teil der Wachstumsstagnation könnte damit zu erklären sein. Die meisten Pflanzen haben die Koexistenz mit den Schnecken nicht überlebt. Von den anfänglich 50 bis 80 Tollkirschen überlebten nur drei den Sommer, welche sich in Größe und Statur nicht wesentlich unterschieden. Gegen Ende März begannen zwei Stauden zu sprießen, die nun deutlich kräftiger waren als im Jahr zuvor. Offenbar hatten die Pflanzen viel Energie in den Aufbau der Wurzel gesteckt.

Ein weiterer erfolgreicher Ansatz stammt vom Autoren Michael Steinmetz:
»Da die Samen nur langsam und unregelmäßig keimen, sollten sie zuerst einige Stunden in einer Tasse mit verdünntem Brennspiritus oder Essig eingeweicht werden, um wachstumshemmende Stoffe abzulösen. Dann abspülen und kurz unter der Oberfläche einsäen. Das Keimen kann Wochen, aber auch Monate dauern. (...) Sobald sie größer sind, umtopfen oder im Garten aussetzen, jedoch nur an einem Platz, wo keine Kinder die attraktiven gutschmeckenden Beeren essen können. Die Pflanzen sind kälteresistent und schlagen aus den Wurzeln neu aus. Die überirdischen 30 bis 80 Zentimeter hohen Pflanzenteile sind weich-

fleischig und wachsen schnell, können schon im ersten Jahr Blüten treiben. Normale Gartenerde ist o.k. Die aus einer frischen Tollkirsche herausgewaschenen Samen keimen sehr schnell und vollständig!«
Aus: ***Entheogene Blätter*** (Steinmetz 2002: 40)

Ein ganzer Tollkirschen-Busch; aufgenommen in Fritzlar bei Kassel (Deutschland)

»Bereits die Zauberinnen (Hekate, Kirke) in den Sagen des griechischen Altertums waren mit den berauschenden, erregenden und tödlichen Wirkungen dieser Pflanze wohl vertraut (...).«
(FROHNE et PFÄNDER 1987: 236)

»Die Tollkirsche wurde bereits von den Sumerern als Heilmittel bei vielen durch Dämonen verursachten Leiden benutzt. Die alten Ägypter kannten sie nicht, wohl aber die Griechen.«
(RÄTSCH 1988: 159)

»Von großer Bedeutung war ***A[tropa] belladonna*** im Krieg der Schotten unter Duncan I. gegen den Norwegerkönig Sven Knut (ca. 1035 n. Chr.). Die Schotten vernichteten die skandinavische Armee, indem sie ihr Speisen und Bier zukommen ließen, die mit Tollkirsche vergiftet waren.«
(SCHULTES et HOFMANN 1998: 36)

Der erste Nachweis

Ab dem 15. Jahrhundert wurden den Pflanzenbeschreibungen Bilder beigefügt, um diese besser zu veranschaulichen und zu vervollständigen. So soll der venezianische Arzt und Philosoph Benedetto Rinio erstmals sein Herbarium im Jahre 1412 mit Tintenzeichnungen versehen haben. Seine 458 aufgeführten Pflanzen benennt er mit allen ihm bekannten fremdländischen Namen. Bei der ***»Faba inversa«***, dem dritten seiner vier Nachtschattengewächse, kann anhand der beigefügten

Abbildung eindeutig die Tollkirsche identifiziert werden. Dies ist damit die erste sichere Nachweisstelle.
In einem der frühesten gedruckten und bebilderten Kräuterbücher, dem »Hortus sanitatis« (Garten der Gesundheit), wird um 1485 die Tollkirsche als ein Kraut mit dunklen Beeren geschildert, das aufgrund seiner kalten Qualität gegen äußerliche und innerliche Hitze eingesetzt wurde. Hieronymus Brunschwig (etwa 1450 bis 1512) gibt in seinem Buche Anweisungen zur Destillation der Tollkirschen (SCHWAMM 1988).

Der Name

Der vom schwedischen Naturforscher Carl von LINNÉ festgelegte Gattungsname ***Atropa*** (sowie die davon abgeleitete Wirkstoffbezeichnung Atropin) ist dem Griechischen, genauer der griechischen Mythologie, entnommen und leitet sich vom Namen der Schicksalsgöttin Atropos her. Atropos ist »eine der drei Parzen, die unter dem sinnigen Bilde des Spinnens eines jeden Menschen Lebensschicksal bestimmten. Klotho spann den Lebensfaden an, Lachesis zog ihn aus und Atropos schnitt ihn ab« (SCHIMPFKY 1893: Monografie 67)[2]. Atropos wurde gewöhnlich als schlimme und furchterregende Schicksalsgöttin betrachtet, die ausschließlich existierte, um den Tod zu bringen. Deshalb wurde und wird sie in der mythologischen Kunst zumeist mit einer Schere in der Hand abgebildet (DEKORNE 1995: 103).
Die Artbezeichnung ***belladonna*** hat die Tollkirsche aufgrund ihrer kosmetischen Qualitäten. Der Name kommt vom italienischen ›donna bella‹ (heute: bella donna) und heißt wörtlich übersetzt »Schöne« oder »Schönheit« beziehungsweise »schöne Frau«. Früher benutzten manche Damen den mydriatisch wirkenden Tollkirschsaft zur künstlichen Vergrößerung der Pupillen, um so dem damals gängigen Schönheitsideal zu entsprechen: Der italienische Kräuterbuchautor MATTHIOLUS hat als erster den Namen belladonna (...) für die Pflanze erwähnt und ihn da-

[2] In Schimpfkys Buch sind keine Seitenzahlen vermerkt. Daher gebe ich (auch im Folgenden) nur die Nummer der ***Atropa***-Monografie an.

mit erklärt, dass die Italienerinnen den gepressten Saft sich in die Augen träufelten, um schöner zu erscheinen« (RÄTSCH 1995a: 383).
Nun weist die Eigenschaft der atropininduzierten Effekte auf die Augen auch andere Vorteile auf: »Als Napoleon seine Soldatenwerber in die deutschen Lande hinausschickte, versteckten sich vor ihnen viele junge Männer in den Wäldern. Einer, der das Versteckspiel satt hatte, suchte nach einem anderen Ausweg. Er ging zu dem später berühmten Apotheker Runge und bat ihn um Hilfe: Er wollte ein Mittel, das sein Gesicht entstellte. Runge hatte kurz zuvor mit Extrakten aus der Tollkirsche experimentiert und dabei war ihm beim Verreiben der Pflanze im Mörser von dem Saft etwas ins rechte Auge gespritzt. Dies war sofort schwarz geworden und die Pupille hatte sich weit geöffnet. Deshalb riet er zur Tollkirsche.
Wenig später wurde der junge Mann von den Werbern aufgegriffen und vor einen Militärarzt geschleppt. Dieser bescheinigte ihm jedoch sofort einen ›Augenstar‹ und schrieb ihn für den Kriegsdienst untauglich« (SCHMIDSBERGER 1980: 176).

Blühender Zweig und frische Wurzel der Tollkirsche; Quelle: unbekannt

Gift, Futtermittel, Kosmetik und Zauberpflanze

»Weder Blätter noch Beeren weisen einen bestimmten Geruch auf. Die Blätter schmecken krautig, vielleicht ein bisschen pikant, und wirken betäubend. Die frischen Beeren schmecken kurzzeitig süßlich, sie wirken leicht adstringierend.«
(MALIZIA 2002: 363)

»In der griechischen Mythologie warfen sich die Mänaden bei den dionysischen Orgien mit geweiteten Augen in die Arme der Männer, die dem Gott huldigten, oder fielen mit ›flammenden Augen‹ über sie her, um sie in Stücke zu reißen und aufzufressen. Der Wein der Bacchanale wurde möglicherweise mit dem Saft der Tollkirsche verfälscht. Ihre größte Bedeutung erlangte die Tollkirsche indessen in Verbindung mit der Hexenkunst und Magie der frühren Neuzeit. Sie bildete eine der Hauptzutaten zu den von Hexen und Magiern benützten Tränken und Salben.«
(SCHULTES et HOFMANN 1998: 89)

Schon seit langer Zeit wird die gefürchtete Tollkirsche als Gift- und Zauberpflanze unter anderem für die Verwendung in Flug- und Hexensalben gebraucht, wegen ihrer Toxizität aber seltener als beispielsweise der verwandte Stechapfel ***Datura stramonium.*** Schon in der Steinzeit wurde die Tollkirsche in Europa als Pfeilgift verwendet, auch existieren Quellen, die davon sprechen, dass man sich mit Hilfe der Tollkirsche in Tiere verwandeln könne (Giovanni Battista DELLA PORTA 1535 bis 1615). Es kann also davon ausgegangen werden, dass seit etwa zehntausend Jahren oder gar länger von der pharmakologischen Wirkung der ***Atropa*** gewusst wird.

Auch später diente die Tollkirsche als Kriegstoxikum. Anstatt sie auf Pfeilspitzen einzusetzen, wurden Pflanzenteile alkoholischen Geträn-

ken zugefügt und damit Gegner umgebracht oder ruhiggestellt. Im Mittelalter wurde sodann der Saft der *Atropa*-Beeren als Kosmetik zum Schminken genutzt.
»Im Mittelalter glaubte man, dass der Genuss der Beeren den Menschen toll mache, man scheint solche Zustände beobachtet zu haben, zumal es doch auffallen musste, dass Amseln und Drosseln die süßen und saftigen Beeren ohne Schaden verzehrten. Man baute deshalb die Tollkirsche frühzeitig in Gärten an und gab sie kranken Schweinen und anderen Tieren ins Futter. (...) Die Pflanze galt in vielen Gegenden als zauberkräftig« (HERTWIG 1938: 228). Angeblich verliert die Tollkirsche »unter südamerikanischer Sonne ihre Giftigkeit und wird dort wegen ihrer verdauungsfördernden Eigenschaften verzehrt« (SCHRÖDTER 1997: 22).
Wissenschaftliche Spekulationen machten ***Atropa*** allerdings sogar für das plötzliche Aussterben der Dinosaurier verantwortlich.

Enrico MALIZIA, Experte für Hexen- und Magiekulte, kennt das Rezept für den Zaubertrank für eine niemals nachlassende Leidenschaft: »Für den Trank nimmst du: zehn Tropfen Blut von deinem rechten Ringfinger, einen Tropfen Vaginalsekret (für die Frau) oder Vorhautsekret (für den Mann). Vermisch alles mit etwas Tollkirsche (***Atropa belladonna***) und Irisasche (***Iris germanica***). Gieß dann reichlich Sonnenblumenöl (***Helianthus annuus***) darüber. Im letzten Moment gibst du noch eine Prise Spanische Fliege (***Lytta vesicatoria***) dazu. Danach gießt du alles mit einem Dekokt von Sellerie (***Apium graveolens***) auf, das du vorher zubereitet hast. Vor dem Zugeben filterst du das Dekokt durch ein Leinennachthemd, das der Person gehört, die den Trank zubereitet« (MALIZIA 2002: 319).

Eine zur Hexenvertreibung zu räuchernde Mischung, der Oberbayrische ›Hexenrauch‹, wird folgendermaßen bereitet (RÄTSCH 1996a: 218 nach HÖFLER 1994: 117):

- ***Ruta graveolens*** (Weinrautenkraut)
- ***Sedum acre*** (Mauerpfeffer)
- ***Atropa belladonna*** (Tollkirschenblätter)
- ***Chamomilla recutita*** syn. ***Matricaria chamomilla*** (Kamille)
- ***Plantago major*** (Breitwegerich)
- ***Ferula asa-foetida*** (Teufelsdreck)
- ***Juniperus sabina*** (Sadebaum)

»Einige Rezepte zur Bereitung von Hexentränken und -salben sind überliefert. Man nehme (...) je vier Teile von Samen des Taumellolchs (***Lolium temulentum***), des Bilsenkrauts, des Schierlings, des roten und schwarzen Mohns, des Lattichs und des Portulaks und einen Teil Tollkirschensamen, presse sie aus und versetze jede Unze des Samenölgemischs mit 1.2 g Opium; oder man bereite (...) ein Teufelsmus aus 3g Önanthol, 50g Opiumextrakt, 30g Extrakt aus schwarzer Betelnuss (?), 6g Fünffingerkrautextrakt, je 15g Extrakt aus Tollkirsche, Bilsenkraut und Großem Schierling, 250g Extrakt aus indischem Hanf und 5g Extrakt aus Spanischen Fliegen, eines hochgiftigen Aphrodisiakums, das aus Cantharidin-haltigen südeuropäischen Blasenkäfern, den Kanthariden, gewonnen wird. Diese Dosis ›Mus‹ sollte für elf Trips zum Blocksberg, zur Satansmesse oder wohin auch immer ausreichen.«
(KOTSCHENREUTHER 1976: 86)

Eine weitere wunderschöne Farbtafel; Quelle: http://www.students.uni-marburg.de/~Merkel/Systematik/Tollkirsche.htm

Mythos und Zaubermittel

»Am 21. Juni 1749 wurde Maria Renate Singer von Messau, die Subpriorin der Prämonstratenserinnen des Klosters Unterzell (Unterfranken) wegen Zauberei enthauptet. Aus den Inquisitionsakten geht hervor, dass sie sich der Tollkirsche bediente, die im Klostergarten wuchs.«
(SCHMIDSBERGER 1980: 178)

Die Tollkirsche ist seit jeher ein Zaubermittel und Ingrediens für die Herstellung magischer Trünke und anderer Mittelchen. Das begründet sich in der absoluten Wirksamkeit der Inhaltsstoffe, die für den Menschen mitunter lebensgefährliche Symptomatiken hervorzurufen imstande sind. Die meisten Tiere jedoch können selbst größere Mengen des Gewächses unbeschadet vertilgen (siehe dazu auch den nachfolgenden Abschnitt).

»Es hat den Anschein, als ob die Tollkirsche den Indogermanen von allem Anfang an ein Gegenstand religiöser Scheu gewesen wäre. (...) Es kommt hinzu, dass ***Atropa Belladonna*** L. für die Pflanzenfresser nicht schädlich ist, den Menschen hingegen auf das Schwerste zu schädigen geeignet ist. So sagt TABERNAEMONTANUS (...) ›So man die Beeren isset / machen sie einen doll / und schier unsinnig / oder bringen ihn in ei-

nen tieffen Schlaff / und weil sie schön und lustig anzusehen / werden sie von den Knaben zu Zeiten gessen für Weinbeer / die da sterben / so man ihnen nit zu Hülffe komt.
Für die Schwein ist es eine köstliche Arzeney, denn wenn sie im Brachmonat vor Hitz oder sonst kranck werden / alsdann pflegen sie den Säwen in der Speiss zu geben / als ein recht Praeseruatiuum für alle giftige schnelle Kranckheit. Etliche verkaufen die Wurzel für Mandragora.‹ Die ausgedehnte Anwendung der Tollkirsche in der Zauberei bezeugt nicht nur Reginald SCOTT (...), sondern auch die Angabe, die E. ROLLAND (...), macht: ›Toute âme renaît après la mort excepté celle de la personne empoisonné (sic!) par la Belladonne‹ [Jede Seele lebt nach dem Tode weiter, außer jene solcher Personen, die durch Belladonna vergiftet wurden; Anm. MB]. Man kann sich aus dieser Angabe entnehmen (sic!), wie sehr die katholische Kirche bemüht war, dem Zauberglauben an Unsterblichkeitskräuter, an Kräuter die im Stande sein sollten, ›Tote aus den Tiefen der Gräber zu rufen‹, entgegenzutreten. Aus der Verwendung der Tollkirsche im germanischen Zauberglauben – wir haben Belege für die jetzige Zeit freilich nur aus Böhmen (...) – erklärt sich ihre sekundäre Ausbreitung nach Dänemark (...). Die in der heutigen Zeit so unendlich wichtige Reaktion des Atropins auf die Pupille hat man medizinisch und wissenschaftlich anscheinend nicht vor dem Jahre 1676 beobachtet.« (LEWIN et LOEWENTHAL o.J.)

In manchem Falle bezüglich der zauberkräftigen Nachtschattengewächse herrscht Unklarheit, ob es sich um ***Atropa***, um ***Mandragora*** (Alraune) oder um andere Solanazeen handelt: »Die Tollkirsche oder die nah verwandte ***Scopolia atropoides*** dürfte mit jenem Kraute MAULDA (von: Mandragora?) identisch sein, die bei den Litauern noch um das Jahr 1680 eine unheimliche Rolle spielte: ›Sie haben auch ein Kraut, das nennen sie Maulda, wenn sie einen was schuldig, sehen sie, wie sie ihm solches im Trincken beybringen, der das Kraut in's Leib bekommt, muss sterben, dagegen hilfft die gantze Apothecke nicht.‹ (So Pfarrer Prätorius im ›Erleuterten Preussen‹, 1724, abgedruckt bei F. und

H. Tetzner, Litauische Volksgesänge, Reclam's Universalbibliothek, Nr. 3694, p. 11.)«
(KRONFELD 1981).

Der berühmte Forscher Gustav SCHENK war der Ansicht, dass ***Atropa belladonna*** maßgeblich für das Entstehen der Hexentradition in Europa verantwortlich gemacht werden kann: »Nun glaube ich, dass die Tollkirsche den Hexenrausch in das Mittelalter brachte. Sie, die eingesessen in Mitteleuropa ist, gedeiht auch in den Bergwäldern Thessaliens, aber nur einzeln und sehr verstreut. In Thessalien lebten die thessalischen Weiber, die des Zaubers mächtig waren und das Zentrum altgriechischen Zauberwesens ausmachten. Lucian und Apullius (sic!) berichten, dass die griechischen Zauberinnen die Menschen kraft ihrer Salben in Vögel, Steine und Esel verwandeln können. Sie flogen auch durch die Luft und verfielen der Liebesraserei. Es waren Nachtschattenkräuter, und wahrscheinlich Tollkirsche, die sie benutzten. Theophrast fand eine Mandragora (also Alraun, ein Name für viele Nachtschattengewächse, die früher nicht auseinandergehalten wurden) mit schwarzen Früchten und weinfarbigem Saft – es war Tollkirsche« (SCHENK 1939). Wünschelrutengänger behaupten, dass ***Atropa*** bevorzugt an bestrahlten Stellen wachse, also beispielsweise auf Wasseradern (SCHRÖDTER 1997: 47).

***Atropa belladonna* und die Tiere**

Wie oben bereits erwähnt ist der Verzehr von Pflanzenteilen der Tollkirsche für viele Tiere absolut ungefährlich. Es gibt sogar einen Käfer, der sich (vermutlich fast) ausschließlich von ***Atropa***-Blättern ernährt. Näheres zu diesem Thema weiß wiederum Gustav SCHENK: »Es gibt einen Tollkirschenkäfer, den ich aber nur so nenne, denn er heißt eigentlich ***Hatca atropa***, und er ernährt sich nur von den Blättern Belladonnas. Mit den Blättern, Beeren und Wurzeln der Tollkirsche können Kaninchen und Meerschweinchen wochenlang gefüttert werden.

Affen und Hunde vertragen große Dosen Atropin, das Alkaloid der Tollkirsche. Schnecken ernähren sich ebenfalls wochenlang von Belladonnablättern. Die Amsel nimmt die Tollkirschenfrüchte ohne Schaden zu sich, ja, sie sucht begierig danach. Rebhühner verzehren die Beeren von Nachtschatten, aber die Haustiere, Kälber, Schafe, Schweine und Hausgeflügel, gehen nach Genuss von Solanazeen ein« (SCHENK 1939).

Aphrodisiakum Tollkirsche

»Der Umstand, daß die Tollkirsche (...) als Aphrodisiacum gilt, dürfte wohl darauf zurückzuführen sein, daß die Pflanze ein starkes Hirn- und Nervengift ist. (...) Die auffallenden Gefühlsveränderungen, die der Genuß von Belladonna hervorruft und der sich auch auf die Keimdrüsen stimulierend erstreckt, beruht auf der Gehirnreizung der Pflanze.«
(HERTWIG 1969: 235)

»Vielleicht ist die Tollkirsche mit der Morion genannten anderen, bei Höhlen wachsenden ›männlichen‹ Mandragora (...) identisch. Morion bedeutet wörtlich ›männliches Glied‹ und weist auf die Verwendung als Tollkraut (mhd. Toll= geil) hin.«
(RÄTSCH 1995a: 382)

Seit dem Altertum wird die Tollkirsche zu aphrodisischen Zwecken eingesetzt. Schon der deutschsprachige Trivialname deutet einen direkten Bezug zu den Liebesmitteln an: »Toll kommt von doll, was (auch) ›geil‹ bedeutet; Tollkirschen sind geil machende ›Kirschen‹. Am geläufigen Namen sind ihre aphrodisischen Qualitäten abzulesen. Ebenso bewirken die stark halluzinogenen Wirkstoffe des sagenumwobenen Gewächses ›Tollheit‹ im Sinne von Verrücktheit. (...)« (RÄTSCH 1995b: 675).

In Osteuropa gab es ein als Liebeszauber auszuführendes Ritual: »Will man die Gunst eines Mädchens erringen, muß man eine Tollkirsche finden, die Wurzel ausgraben und in dem Loch einige Opfergaben an den Pflanzengeist hinterlassen. Ähnliche Ausgrabungsrituale sind auch aus anderen Gebieten bekannt. Die Wurzel wurde ähnlich wie die Alraune als Amulett und Zauberwurzel benutzt. Sie konnte Glück im Spiel und in der Liebe bescheren (...)« (RÄTSCH 1988: 159f.).

Die mit Bestandteilen der Tollkirsche angereicherten Liebeselixiere konnten indes auch lebensgefährliche Auswirkungen bei den sich an ihnen berauschenden Menschen induzieren: »Das gefährliche Giftkraut (...) wird in Galizien zu Liebestränken, die gewiss nicht gleichgiltig sind, verwendet. In Salzburg ereignete es sich im Jahre 1802, dass ein Händler aus Triest angebliche Klettenwurzeln erhielt, die in Wirklichkeit Tollkirschenwurzeln waren (...). Eine Frau, welche einen Absud davon trank, starb kurz darauf. Infolge dessen verordnete die kurfürstliche Landesregierung, dass Alle, welche von diesem Händler Klettenwurzeln gekauft haben, dieselben an die Ortsobrigkeit einliefern müssten« (KRONFELD 1981).

Die Frauen aus der rumänischen Bukowina bereiteten aus *Atropa* einen Liebestrank oder nutzten den Saft im herkömmlichen Sinne: nämlich zur Pupillenerweiterung. Die alten Maler Italiens bildeten ausschließlich Frauen mit durch Tollkirsche vergrößerten Augen ab. (HERTWIG 1969: 235)
In Afrika wird die Tollkirsche noch heute als Aphrodisiakum benutzt (OTT 1996: 364; RÄTSCH 1995a: 382): »Da aus der antiken Literatur nur wenige Stellen Hinweise geben, kann man vielleicht aus dem noch in Marokko weitverbreiteten Gebrauch Rückschlüsse ziehen. Dort wird aus getrockneten Beeren mit wenig Wasser und Zucker ein Tee zubereitet, der ›zu einer guten geistigen Kondition verhelfen‹ kann. Dieser Tee ist auch ein Aphrodisiakum für Männer« (RÄTSCH 1995a: 382).
Eine geringe Dosis eines Belladonna-Extrakts soll zudem die weibliche Lust zu steigern vermögen (vgl. den Abschnitt Volksmedizin).

Wenig hilfreich – oftmals sogar gefährlich – dagegen sind Informationen, wie sie im Fernsehen gern wiedergegeben werden. In einer Sendung des Mitteldeutschen Rundfunks (MDR) zum Thema Liebeskräuter, heißt es: »Die Tollkirsche, ***Atropa belladonna***, ein hochtoxisches Nachtschattengewächs, half schon immer mit seiner halluzinogenen Wirkung, der Wirklichkeit zu entfliehen. Leider kamen die Experimentierfreudigen dabei oft nicht ins Leben zurück. Wer trotz Liebestaumel genau das nicht, sondern mit beiden Beinen auf dem Boden der Tatsachen bleiben will, dem wird die Nelkenwurz aus der Familie der Rosengewächse empfohlen, sie wirkt nämlich gegen jegliche Art von Halluzinationen«
(MDR, 01. August 2003; http://www.mdr.de/ratgeber/wohnen_garten/850691.html).

Hier kommt der Eindruck auf, Nelkenwurz könne einen jeden psychedelischen Trip unterbrechen oder gar vor der lebensbedrohlichen Symptomatik einer ***Atropa***-Intoxikation schützen. Eine wahrhaft riskante Aussage!
Gern wird auch die Assoziation »Tollkirsche – Sexualität« in der modernen Welt artikuliert. So findet der Interessierte im Internet unter http://bella-donna-erotik.de einen Onlineshop für Erotika aller Art.

Tafel aus Floræ Austriacæ, Quelle: www.rarebooks.com

Tollkirschenaussaat, wenige Wochen nach dem Auflaufen.

Allmählich wachsen die Pflanzen zu stattlichen Gewächsen heran.

Die geschlossene Blüte einer Tollkirsche.

Die reife Frucht, eine tiefschwarze Atropabeere, scheint den Betrachter förmlich anzuschauen.

Tollkirschenfrüchte: oben die häufige Beere in schwarz, unten die Frucht einer gelben Varietät.

Die geöffneten Blüten der Atropa versprühen ihren ganz eigenen Charme.

Hier im Bild: ein ganzes Atropafeld.

Alkoholische Traditionen

»Die halluzinogene Tollkirsche (...) wurde in vergangenen Zeiten oft als Bierzusatz verwendet. Das damit bereitete Bier hatte eine stark berauschende Wirkung, die auf den Gehalt an Atropin, ein noch heute verwendetes Heilmittel, zurückgeht.«
(RÄTSCH 1996b: 13)

Im alten Orient und auch in Europa, beispielsweise in den Alpenländern, benutzte man die Pflanze als bier-, met- und weinverstärkendes Additiv. Interessant ist auch das so genannte Wasser der Fröhlichkeit (was an die Orientalischen Fröhlichkeitspillen erinnern kann). Bei diesem »handelt es sich um ein aus anregenden Substanzen hergestelltes Destillat. Die wichtigste davon ist die Tollkirsche (...). Ärzte, Kräuterkundige, Magier und Hexen gaben ihr diesen Namen, da sie die Pupillen erweitert und, so sagte man, den Augen der Frauen mehr Tiefe verleihe. (...) Die Wirkung der Tollkirsche basiert zum größten Teil auf dem betäubenden, halluzinogenen und sympathikomimetischen Einfluss des Alkaloids Atropin. Aylmer Bourke Lambert riet, Atropin nur äußerlich anzuwenden. Eine Einnahme oder Injektion könne dazu führen, dass man aus dem Schlaf nicht mehr erwacht. Die im ›Wasser der Fröhlichkeit‹ enthaltene Menge an Atropin ist nicht gesundheitsschädlich, da die Dosis gering und die Substanz in sehr viel Flüssigkeit gelöst ist« (MALIZIA et PONTI 2001: 341).

Die Tollkirsche »war schon im Zweistromland ein bekanntes Heilmittel und galt im alten Griechenland als Schwester der Alraune. Die Wurzel der Tollkirsche wurde von den thessalischen Hexen mit Wein zu einem enorm wirksamen Liebestrank zubereitet« (RÄTSCH 1995b: 49). Ebenfalls in Griechenland wurden »dem frisch gekelterten, noch unvergorenen Wein (...) viele Kräuter beigegeben, möglicherweise auch Tollkirsche« (RÄTSCH 1995b: 111).

Prohibitionistische Tendenzen und der alte War-on-Drugs

Nicht nur solche Drogen wie *Cannabis*-Produkte oder Kokain sind Opfer der prohibitionistischen Bewegung. Auch die heutzutage völlig legale und im Wald wild wachsende Tollkirsche hatte vor einiger Zeit Probleme mit solcherlei fundamentalistischen Tendenzen. Der Psychoaktiva-Pionier Louis LEWIN durchschaute schon Anfang des zwanzigsten Jahrhunderts den Schleiermantel der Kirche und deren pharmakratische Theorien und Praktiken:

»Nicht wenig von dem Unfassbaren, das von menschenverheerenden, hirnverbrannten Fanatikern nicht nur direkt an Hexen und Zauberern, sondern auch an der ganzen Menschheit verbrochen worden ist, der stupide Aberglaube, der verkörpert in Kutten, Gerichtstalaren und närrischen Arztgewandungen teuflisch gegen den Teufel zu Gericht saß und die Opfer in Flammen aufgehen und in Blut ertrinken ließ – knüpft sich an diese Stoffgruppe [der Solanazeen-Alkaloide]«
(LEWIN 2000: 174).

Und tatsächlich wurde auch die Tollkirsche im Speziellen schon früh mit religiöser Verunglimpfung belegt, von der heiligen Hildegard (welche die Pflanze übrigens als Erste in Deutschland explizit erwähnte) sogar mit dem Teufel assoziiert: »Bereits bei Hildegard von Bingen beginnt die Dämonisierung und Verteufelung der ehemals heidnischen Ritualpflanze: ›Die Tollkirsche hat Kälte in sich, hält aber dennoch Ekel und Erstarrung in dieser Kälte, und in der Erde, und an dem Ort, wo sie wächst, hat die teuflische Einflüsterung einen gewissen Teil und eine Gemeinschaft ihrer Kunst. Und sie ist für den Menschen gefährlich zu essen und zu trinken, weil sie seinen Geist zerrüttet, wie wenn er tot wäre.‹ (Physica1,52)«
(RÄTSCH 1998: 80).

Die tiefschwarze Frucht der *Atropa*: die gefürchtete, saftige Tollkirsche

Atropa in der Kunst

Wie die meisten der als Zauber-, Hexen-, Heil- oder Ritualpflanzen angesehenen Gewächse ist auch die Tollkirsche ein beliebtes Motiv für Artefakte der diversen Künste. Dieser Abschnitt birgt ein Panorama der wichtigsten und verschrobensten Werke aller Kunstformen und Stilrichtungen, welche sich mit ***Atropa belladonna*** befassen beziehungsweise diese zum Inhalt haben. Natürlich können bei der immensen Fülle der weltweiten Kultur alle genannten Werke nur als Auswahl verstanden werden.

Literatur

Der expressionistische Dichter Ernst Stadler 1911 in seinem Gedicht »Der Flüchtling«:

Da sich mein Leib
In jener Gärten Zaubergrund verirrte,
Wo blauer Schierling
zwischen Stauden dunkler Tollkirschblüten stand,
Was hilft es, daß ein später Tagesschein
den Knäuel bunter Fieberträume mir entwirrte,
Und durch das Frösteln grauer Morgendämmerungen
sich mein Fuß den Ausweg fand?

Michael KÜTTNER, Autor und Literaturwissenschaftler, befasst sich in seinem Buch »Der Geist aus der Flasche« unter anderem mit der Fusion von psychoaktiven Nachtschattengewächsen und Märchen. KÜTTNER schlägt gleich mehrere Brücken zwischen verschiedenen Geschichten der Gebrüder Grimm und der Tollkirsche:

»Die Tollkirsche wurde im Volksmund Wolfsbeere, auch Wolfskirsche genannt, lateinisch ***uva lupina***; Wolfskraut war eine gebräuchliche Bezeichnung sowohl für das Bilsenkraut als auch den blauen Eisenhut. Es liegt nahe, solch ethnobotanische Hinweise auf das halluzinogene, gestaltwandelnde Potential dieser Pflanzen mit dem Treiben der Werwölfe in Verbindung zu bringen: jener suspekten Menschen nämlich, die sich zuzeiten in Wölfe zu verwandeln pflegten und allerlei Unheil anrichteten – oder zumindest halluzinierten, es anzurichten. Auch Sergius Golowin sieht diese Zusammenhänge und vermutet, dem Märchen vom ›Rotkäppchen‹ müssten derartige Drogengenuss erlebte Verwandlungsideen zugrunde liegen« (KÜTTNER 1998: 107).

Besonders der Inhaltsstoff Scopolamin könnte für märchenhafte psychedelische Erfahrungen prädestiniert sein: »Ein Arzt der Kölner Psychiatrischen Klinik, der sich versehentlich reines Scopolamin gespritzt hatte, erlebte Ähnliches wie unser Rotkäppchen in der angenehmen Anfangsphase ihres Rausches: ›Die Landschaft ist während des ganzen Weges voller Wunder. Ich sehe Fratzen, Gestalten, die sehr unbestimmt sind [...]. Die Landschaft ist romantisch, die Bäume, Häuser wirken merkwürdig bildhaft, alles erscheint mir seltsamer‹« (KÜTTNER 1998: 116).

Der moderne Dichter Ralph Günther MOHNNAU hat im Fischer-Verlag einen Lyrikband namens »Ich pflanze Tollkirschen in die Wüsten der Städte« verfasst. Gleich mehrere der beatnikartigen Gedichte behandeln ***Atropa belladonna*** entweder metaphorisch, experimentell oder kognitiv. Hier das Stück »Das Gedicht«:

es schlüpft aus dem ei
es saugt sich voll sauerstoff
es ist eine tollkirsche / ein lippenstift / ein UV-strahl

es schlägt einen purzelbaum
es beißt
es kratzt
es tritt jemanden gegen das schienbein
&
löst sich lachend auf in luft

es versteckt sich zwischen büchern & LKW's
atmet lautlos
es ist ein MG
es ist eine handgranate
&
explodiert in der parteizentrale

es schleckt himbeereis
es quietscht vor vergnügen
es vögelt kleine mädchen
&
ist traurig

es ist ein künstliches gehirn
es ist eine senfgaswolke
es überschreitet die geschwindigkeit des lichts

es ist auf röntgenschirmen nicht erkennbar

TROTZDEM IST ES DA
:

es zettelt revolutionen an
es erfindet neue ideologien
&!
überlistet beide
:
es schlingt ein tau um den mond
&
klettert dran hoch
&
spuckt den untengebliebenen
ins gesicht

(Mohnnau 1987: 7f.)

Der Autor und Zeitschriftenherausgeber Erwin Bauereiss hat ein Gedicht ganz anderer Art über die Tollkirsche geschrieben:

Du unabwendbar Schöne,
Wandlerin allen Lebens.
Ein tiefer Sog zieht mich zu Dir hinab,
in Dein Zauberreich weit jenseits alles menschlichen Verstandes.
Habe ich gekostet von Deinen süßen, tief-violetten Früchten,
trete ich ein in Dein Reich der Schatten der Nacht.

Wie unwissend der Mensch in seinem täglichen, blinden Streben.
Wer je die Wonnen, die Mysterien Deiner Macht erfahren hat,
wird die Welt des Diesseits mit anderen, offeneren Augen sehen,
wird das dumpfe alltägliche und oberflächliche Treiben meiden.

Oh ***Atropa Belladonna,***
Du Königin im Reich des dunklen Waldes,
groß ist meine Sehnsucht, einzutreten in Dein ewiges Reich,
mit Dir eins zu werden,

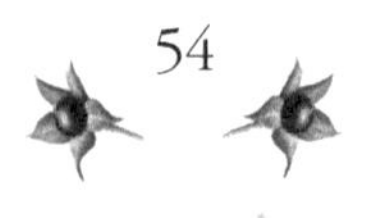

Geliebte, große Mutter und Wandlerin
Vom Urbeginn bis zum Weltenende,
jenseits von Raum und Zeit die Einheit mit Dir lebend.

(BAUEREISS o.J.)

Robert Anton WILSON, der psychedelische Philosoph, beschreibt in seinem Buch »Ist Gott eine Droge oder haben wir sie nur falsch verstanden« einen Tollkirschentrip par excellence (WILSON 1984: 13ff.). Auch in einigen modernen trivial-literarischen Werken stellt *Atropa* das Hauptthema, zumeist als Giftstoff in Kriminalromanen. So heißt zum Beispiel ein zeitgenössischer Kriminalroman von Karin SLAUGHTER »Belladonna« (erschienen bei Rowohlt), eine Erzählung über die Eifersucht von Jenny ERPENBECK »Atropa belladonna« (In: Tand – Erzählungen. Frankfurt/M.: Eichborn, 2001) und ein Roman von Joseph Kessel ebenfalls »Belladonna« (München: Piper-Verlag).

Malerei

Einige Künstler, beispielsweise Paul WENDING und Erich BRUKAL, bildeten ***Atropa belladonna*** gerne ab: »Im 19. Jahrhundert und in den zwanziger Jahren des 20. Jahrhunderts wurden die Tollkirsche und die Belladonna als ihre anthropomorphe Gestalt oft in der Druckgraphik dargestellt« (RÄTSCH 1998: 83). Herman DE VRIES, ein international bekannter Künstler, schuf 1985 die Bilderreihe »monumenta lamiae«, die neben drei anderen Pflanzen als größtes Objekt einen Tollkirschenzweig abbildet (Galerie d+c mueller-roth, Stuttgart).
Wie verschiedene andere Nachtschattengewächse auch, zum Beispiel der Stechapfel ***Datura spp.***, die Engelstrompete ***Brugmansia spp.***, der Chili ***Capsicum spp.*** oder der Hammerstrauch ***Cestrum spp.*** (siehe Abbildungen), dient ***Atropa belladonna*** manchmal, hauptsächlich in osteuropäischen Ländern, als Motiv für Briefmarken.

Atropa belladonna (beziehungsweise var. *lutea*) schmückt so manches Postwertzeichen.

Andere *Solanaceae* auf Briefmarken. Hier ***Brugmansia suaveolens*** (Engelstrompete), ***Datura innoxia*** (Stechapfel), ***Capsicum annuum*** (Chili) und ***Cestrum nocturnum*** (Hammerstrauch).

Film

Themen um die Tollkirsche werden nicht besonders oft im Film verarbeitet. Wenig bekannt ist zum Beispiel über den Experimentalfilm »Atropa belladonna – Die Farbe der Zeit« (RÄTSCH 1998: 83). Herman DE VRIES dokumentiert in seinem schwer erhältlichen Kurzfilm »Belladonna« ein Tollkirschen-Hexenritual.

Aus dem Jahr 2006 ist der Kurzfilm „Der die Tollkirsche ausgräbt“ von Franka Potente. Der vierzigminütige Kunstfilm erzählt die Geschichte eines Punks, der durch Zauberei in eine Schwarz-Weiß-Welt von 1918 gerät.

Musik

Die Musik bedient sich gern des berauschenden Sinnbildes der Tollkirsche. So bildet der ostdeutsche Musiker Hans Christoph WINCKEL zusammen mit dem Autoren und Rezitator Thomas ROESLER das literarisch angehauchte Jazz-Ensemble »Atropa bella donna«, und beim deutschen Label Karmarouge ist 2004 eine EP namens »Atropa Belladonna« von Gabriel ANANDA herausgekommen. Außerdem heißt eine Langspielplatte der Jazz-Musikerin Cristin WILDBOLZ »atropa belladonna« (Label ZYTGLOGGE 1990), und die in Schweden (Stockholm) geborene zeitgenössische Komponistin Tina DAVIDSON hat 1976 das Vokalstück »ATROPA BELLADONNA« für vier weibliche Stimmen geschrieben.
Eine extraordinäre Lesbenband, deren Mitglieder aus Marseille und Nürnberg kommen, nennt sich »Belladonna«. Das Trio steht für ein selbstkreiertes industrielles Dance Cabaret und spielt einen durch akustische Instrumente angereicherten Mix aus House, TripHop und Dancefloor. Ian CARR, der psychedelisch angehauchte Jazz-Trompeter, hat 1972 sein Album »Belladonna« veröffentlicht, zudem gibt es eine Heavy Metal-Band namens »Belladonna« (RÄTSCH 1998: 83), welche die Scheibe »Spells of Fear« herausbrachte (1999, USG Records).

Tafel aus Otto Wilhelm THOMÉ: ***Flora von Deutschland, Österreich und der Schweiz*** (Band 4, Tafel 3)

»Ein jeder, der diese Veränderungen, nach der Anwendung der Belladonna, in dem menschlichen Körper aufmerksam beobachtet, wird nicht viele Mühe haben, um sich zu überzeugen, daß sie gewiss ein sehr wirksames Arzneimittel ist.«
(MÜNCH 1785)

»Bei einem Waldspaziergang sehen uns auch die dunklen Beeren der Tollkirsche (...) wie magische Augen an. Manchmal kann man sich des Eindrucks nicht erwehren, dass Tollkirschen einem regelrecht zuzwinkern. Die Wirkung auf die Augen muss jedenfalls früh entdeckt worden sein. Im Gegensatz zu anderen ›Giftpflanzen‹, die durch unangenehmen Geruch oder Beigeschmack abstoßen, schmecken Tollkirschen süßlich und laden geradezu zum Genuss ein. Schon nach wenigen Beeren weiten sich die Pupillen, und schließlich stellen sich Kopfschmerzen mit Augendruck und Lichtscheu ein. (...) Besonders hilfreich erweist sich Belladonna bei den Folgen von Sonnenstich: Wie sich die Blüte unter dem Blatt vor der Sonne versteckt, so sucht auch der Belladonna-Typ Linderung durch Dunkelheit.«
(RIPPE et al. 2001: 156)

»Der römische Kaiser Claudius wurde mit Belladonna (Tollkirsche) vergiftet, Hamlets Vater mit Bilsenkraut (...). Doch werden Belladonna und Bilsenkraut in kleiner Dosis wegen ihrer muskelentspannenden Wirkung geschätzt (...).«
(BLÜCHEL 1977: 34)

Volksmedizin

Trotz des antiken Gebrauchs als Analgetikum und Psychopharmakon und der überlieferten volksmedizinischen Anwendung von Zubereitungen aus Blättern und Beeren gegen Gelbsucht, Husten, Epilepsie, Scharlach, Hautkrankheiten, Masern, Röteln, Krampfleiden, Gehirnaffektionen, Geschwüre, Bluthochdruck, Karies, Alkoholismus, Hitzewallungen, Gastritis, Magen-Darm-Spasmen, Nierenkoliken und einige andere Leiden, erlangte ***Atropa*** als Medizin beziehungsweise Laienheil- und hausmittel in früherer Zeit vergleichsweise nur wenig Bedeutung. Man muss sogar sagen, »dass im gesamten Altertum die medizinische Anwendung der Belladonna nicht mit Sicherheit nachgewiesen werden kann« (BUESS o.J.). Trotzdem »spielte die Tollkirsche schon in der älteren Volksmedizin wenigstens für den äußeren Gebrauch eine wichtige Rolle« (BUESS o.J.).

Auch der innerliche Gebrauch, also die Einnahme von Tollkirschen-Zubereitungen, entwickelte sich im Lauf der Zeit und bildet damit einen geradezu fließenden Übergang in die schulmedizinische Anwendung (welche weiter unten besprochen wird): »Im 16. Jahrhundert gehen Hieronymus BOCK und Conrad GESSNER (...) für die Empfehlung der ›Dollwurtz‹ als innerlich angewendetes Arzneimittel von veterinärmedizinischen, teilweise offenbar schon in der antiken Literatur niedergelegten Erfahrungen aus. (...) Der französische Arzt GEOFFROY [hatte] in seiner ***Materia medica*** eine chemische Analyse (...) der Tollkirsche versucht. Die ausführliche Besprechung ihrer Wirkungen, die auf eine Zusammenfassung des bis dahin Bekannten hinausläuft, hatte immerhin zur Folge, dass man überhaupt an die innerliche Verabreichung ernsthafter zu denken begann. Im gleichen Sinne wirkte sich die Aufnahme der systematisch neu eingegliederten Pflanze in die ***Materia medica*** von Carl LINNÈ (1707-1778) aus (...)« (BUESS o.J.). ***Atropa belladonna*** ist außerdem eines der paracelsischen Fiebermitel. Sie „heilt Fieber mit großer Hitze, Wahnvorstellungen, Lichtscheu und böse Folgen von Sonnenstich“ (RIPPE et MADEJSKY 2006: 79).

»Dieses fühlet wie andere Nachtschatten / kann innerlich und äusserlich in Menschen und Vieh gebrauchet werden / man soll aber dessen nicht zu viel einnemen / auch ausserhalb nicht / denn es löschet zwar und heilet / aber nicht von Grund herauß / sondern treibet zurück in Leib / darauß grosser Schaden oft entstehet.«
(TABERNAEMONTANUS 1731)

Mit der Entdeckung der pupillenerweiternden Eigenschaften des Tollkirsch-Saftes und der darauf folgenden Aufnahme desselben in die Pharmakopöe der Ophthalmologie, wurde die Pflanze für schulmedizinische Zwecke interessant und wertvoll.
Allerdings gab es im ethnomedizinischen Kontext schon immer einige durchaus wirksame und hilfreiche Anwendungen, zum Beispiel mit der Tollkirschenwurzel: »Mit dieser Wurzel heilte ein bulgarischer Kräutersammler lange Zeit unbekannterweise die chronische Gehirngrippe, bis es eines Tages die Königin von Italien erfuhr und dafür sorgte, dass diese ›Bulgarische Kur‹ allen an dieser Krankheit Leidenden zugute kam. Die Wirkung dieser Wurzel ist vom Standort der Pflanze abhängig und ferner beruht ihre günstige Wirkung gerade darauf, dass im Heilmittel die Gesamtwirkstoffe der Wurzel, also nicht nur das ›reine‹ Atropin, wie man chemisch sagt, enthalten sind. Hier wird uns deutlich bewiesen, dass die Natur unserer chemischen Laboratoriumsarbeit überlegen ist, weil sie nicht einseitig, sondern vielseitig vorgeht« (HERTWIG 1938: 36).

Die genannte chronische Hirngrippe ist nichts anderes als die Parkinson-Krankheit. Allerdings waren Tollkirschzubereitungen gerade damals mit nur schlecht umgehbaren Nebenwirkungen behaftet: »Belladonna-Extrakte wurden ab 1867 (...) und vermehrt in den zwanziger Jahren (...) als ›bulgarische Kur‹ zur Behandlung der Schüttellähmung (Parkinsonismus) verwendet. Die Nebenwirkungen wie Mundtrockenheit, Sehstörungen, Harnverhalten etc. waren aber so gravierend, dass man die Behandlung oft unterbrechen oder abbrechen musste (...)« (ROTH et al. 1994: 159).

Zur weiteren Überprüfung des Medikaments wurden sowohl in Italien spezielle Krankenstationen eingerichtet und ***Atropa belladonna*** aus italienischem Anbau geerntet (»Bulgarische Kur«) als auch in Deutschland 1937 die Königin-Elena-Klinik in Kassel gegründet. Unter Beibehaltung der Grundprinzipien der ausschließlichen Verwendung von Wurzelmaterial und des Verzichts auf einen analytischen Aufschluss, konnten hier in der folgenden Zeit die Forschungen verbessert werden. Es wurde in steigenden und fallenden Dosen therapiert. Ein gleichzeitig verabreichter Leinsamentee konnte Sekretionsstörungen der Magenschleimhäute verhindern und der häufig beobachteten Darmträgheit vorbeugen. Im Gegensatz zur »Atropinkur«, blieben Gewöhnungs- und Vergiftungserscheinungen aus (SCHWAMM 1987). Doch damit endete die Erkenntniskette um die heilkräftigen Qualitäten der ***Atropa*** noch lange nicht: »Wurzel und Kraut wurden gebraucht. Man bekämpfte Krämpfe, Tollwut und einstmals auch Krebs damit. Geblieben ist heute die Verwendung des aus der Tollkirsche gewonnenen Atropins für die Augenheilkunde; ferner wird Belladonna homöopathisch bei der Herzentzündung (Endokarditis) gebraucht« (HERTWIG 1938: 228). Mittlerweile wird Belladonna in der Homöopathie vielseitiger eingesetzt – siehe dazu den übernächsten Abschnitt dieses Kapitels. In Nepal wird ***Atropa*** übrigens bis heute volksmedizinisch als Sedativum verwendet (OTT 1996: 364).

Für pharmazeutisch zu nutzende Blätter ***(Folia belladonnae)*** existieren genaue Angaben zur Ernte der Drogen: »Für Apotheken sammle man die Blätter in der Zeit, wenn die Pflanze aus dem blühenden in den fruchtenden Zustand übergeht. Die Wurzel ist im Frühjahr bei drei- bis vierjährigen Pflanzen am atropinreichsten« (SCHIMPFKY 1893: Monografie 67).

Extractum Belladonnae spissum: Dickes Tollkirschen-Extrakt

Man nehme

- einen Teil grob gepulverte Tollkirschenblätter
- acht Teile verdünnten Weingeist
- bedarfsweise gereinigten Süßholzsaft

Die Tollkirschenblätter werden mit fünf Teilen verdünntem Weingeist sechs Tage lang ausgezogen und danach ausgepresst. Den Rückstand in gleicher Art mit drei Teilen gestrecktem Weingeist wiederum drei Tage lang behandeln. Die auf diese Weise gewonnenen Flüssigkeiten werden gemischt, nach vierundzwanzigstündigem Stehen gefiltert und durch Eindampfen im luftverdünnten Raum vom Weingeist befreit. Den Rückstand mit der gleichen Menge Wasser verdünnen, nach vierundzwanzig Stunden filtern und das Filtrat in ebenfalls luftverdünntem Raum zu einem dicken Extrakt eindampfen. Dieses dicke Tollkirschen-Extrakt ist dunkelbraun und in Wasser fast klar löslich. Maximale Einzeldosis: 0,05 Gramm. Maximale Tagesdosis: 0,15 Gramm. Mittlere Dosis, innerlich und als Suppositorium: 0,01 Gramm (N. A. 1926: 218)[3]. Vorsicht: Schon der Geruch des Extrakts kann zu starken Schwindelanfällen führen.

Tinctura Belladonnae: Tollkirschentinktur

Man nehme

- 100 Teile gepulverte Tollkirschenblätter
- 1000 Teile verdünnten Weingeist

---

[3] Auch in N. A. 1953: 121

Eine Tinktur aus ***Atropa belladonna*** ist zu bereiten aus 100 Teilen grob gepulverten ***Folia Belladonnae*** (Tollkirsch-Blättern) und 1000 Teilen verdünntem Weingeist. Die maximale Einzelgabe der Tinktur beträgt ein Gramm, die maximale Tagesdosis drei Gramm. Als innerlich einzunehmende mittlere Einzeldosis gelten 0,3 Gramm. ***Tinctura Belladonnae*** ist bräunlich-grün und schmeckt etwas bitter (N. A. 1953: 484).

Unguentum Belladonnae: Tollkirschsalbe

Man nehme

- 100 Teile Tollkirschenextrakt
- 100 Teile Wasser
- 550 Teile Wollfett
- 250 Teile gelbe Vaseline

Das Tollkirschen-Extrakt im Wasser lösen und mit den weiteren Ingredienzien vermischen. Frisch auftragen (N. A. 1953: 506).

Zwei Anwendungen von Belladonna-Extrakt aus der volkstümlichen Praxis

(Nicht zur Nachahmung empfohlen!)

Ein Gramm Belladonna-Extrakt, in einer Unze Zimtwasser gelöst, soll gegen Scharlach wirksam sein. Kinder sollen jeweils morgens und abends ihren Lebensjahren entsprechend viele Tropfen zu sich nehmen (ein siebenjähriges Kind bekäme demnach jeweils sieben Tropfen). Erwachsene sollten nicht über 20 Tropfen einnehmen. Eine kleine Menge stark verdünnten Belladonna-Extrakts soll auch die sexuelle Lust bei Frauen steigern.

Belladonnae pulvis normatus - Belladonnapulver

»(...) Eingestelltes Belladonnapulver (aus dem Blatt), ***Folium Belladonnae titratum***, Eingestelltes Tollkirschenblatt; pulverisierte Belladonnablätter, die, falls erforderlich, auf einem Gesamtalkaloidgehalt von 0.28 bis 0.32 % mit Hilfe pulverisierter Lactose od. pulverisierten Belladonnablättern mit geringem Alkaloidgehalt eingestellt werden; ber. als Hyoscyamin (...) u. auf die bei 100 bis 105 °C getrocknete Droge bezogen. Zuber.: ***Extr. Belladonnae, Extr. Belladonnae siccum normatum, Tct. Belladonnae***« (HUNNIUS 1998: 154).

»Diß krut und wurtzel nutzet man in der artzeny, und ist gut genutzt vor große hitz oßwendig und ynwendig des lybes«
(VON CUBE 1485, ***Hortus sanitatis***)

Andere ethnomedizinische Anwendungen von *Atropa*-Spezies

Interessanterweise existieren über die ethnobotanische beziehungsweise -pharmakologische Verwendung der (anderen) *Atropa*-Arten nur sehr wenige Daten. So ist zum Beispiel über die heilkundliche Nutzung in Afrika nichts bekannt, obgleich ***Atropa belladonna*** dort heimisch ist und davon ausgegangen werden darf, dass diese dort auch in irgendeiner Weise gebraucht wird oder wurde. Auch sind keine schamanischen Praktiken mit ***Atropa biflora***, die in Peru vorkommt, publik. Das mutet umso seltsamer an, weil die Phytoheilkunde und das Wissen um die schamanischen Zauberpflanzen Amerikas eigentlich recht gut erforscht sind. Abgesehen von der ethnobotanischen Anwendung der ***Atropa belladonna***, die in diesem Buch ausführlich dokumentiert ist, liegen bis dato ausschließlich Informationen über die Nutzung zweier weiterer Tollkirsche-Spezies vor, und diese fallen nicht mal besonders umfangreich aus:

Atropa acuminata, die wie die Iranische Tollkirsche ***(Atropa pallidiflora)*** in den Blättern bis zu 30% Scopolamin aufweist (HELTMANN 1980), wird in Indien als Diuretikum, Sedativum, Narkotikum, Mydriatikum und Schmerzmittel verwendet (UPHOF 1968, DUKE 1992). ***Atropa acuminata*** wird in Kaschmir und Afghanistan als Medizinalpflanze angebaut (Rätsch 1998: 85).
Die Anwendung der in Spanien endemischen ***Atropa baetica*** entspricht der Nutzung von ***Atropa belladonna*** (FONT QUER 1979).

Schulmedizin

Mit der Tollkirsche beziehungsweise seit 1833 dem Atropin (siehe unten) hatte die Schulmedizin ein neues Pharmakon in der offiziellen Pharmakopöe.
»Für alle Krankheiten von Magen und Darm, die krampfartig verlaufen, sowie für alle akuten und chronischen Entzündungen in Dünn- und Dickdarm ist die Tinktur aus der Tollkirsche die beste Arznei, die wir kennen. Sie konnte bisher noch von keinem chemischen Präparat ersetzt werden. Auch bei Erkrankungen der Gallenwege und bei Übererregbarkeit wird die Tollkirsche mit Erfolg verordnet. Weiter wird die Parkinsonsche Krankheit damit behandelt (s.o.) und der Parasympathikus, auf den die Tollkirsche eine lähmende Wirkung ausübt, sowie das zentrale Nervensystem, das von den Inhaltsstoffen der Tollkirsche positiv beeinflusst wird. Klimakterische Beschwerden mit erhöhtem Blutdruck können mit der Tollkirsche ebenso behandelt werden wie krampfartige Herzbeschwerden« (SCHMIDSBERGER 1980: 176).

Vor allem die Augenheilkunde, aber auch die internistische und chirurgische Notfallmedizin nutzen bis heute den Tollkirschen-Wirkstoff. Die nah mit Kokain, Hyoscyamin und Scopolamin verwandte Substanz wird medizinisch bei Augenoperationen und Asthma, als Relaxans sowie zur Narkose-Einleitung und zu stimulatorischen Zwecken beim Herz-Kreislaufstillstand eingesetzt. Die krampflösende Droge bewirkt die Erschlaffung der glatten Muskulatur. Sie reduziert die Bronchial- und Schleimdrüsensekretion und die Magensäurebildung (STARY et JIRÁSEK 1995: 138).

»Es gibt einige moderne pharmazeutische Präparate, die bei starken Hustensymptomen verschrieben werden, in ihrer Wirkstoff-Kombination jedoch an die Rezepte frühneuzeitlicher Hexensalben, verschiedene Theriakzubereitungen und altorientalische Mischungen erinnern« (RÄTSCH 1990: 28). Der Hustenstiller Pectophon (von der Firma Sedipharm, Frankreich) kann aufgrund seiner tatsächlich abenteuerlichen Zusammensetzung durchaus mit den alten Hexensalben verglichen werden (nach RÄTSCH 1990: 28):

5 Milligramm Codein
5 Milligramm Äthylmorphin-Chlorhydrat
2 Milligramm ***Belladonna***-Extrakt
0,8 Milligramm ***Aconit***-Wurzelextrakt
70 Milligramm Chininbenzoat
50 Milligramm Terpin

Schon im 17. und 18. Jahrhundert wurde die Tollkirsche von der chirurgischen Medizin als Heilmittel benutzt, obgleich die Ärzte der damaligen Zeit eine große Furcht und Achtung vor der Giftwirkung des Gewächses hatten. Auch in der Krebsheilkunde setzten manche Mediziner die Pflanze ein (BUESS o.J.).

Literaturhinweis:
Der in diesem Kapitel mehrfach zitierte Artikel von Heinrich BUESS (Basel), »Zur Geschichte der ***Atropa belladonna*** als Arzneimittel«, eine einem schweizerischen Pharmakologen gewidmete Studie, stellt in wunderbar übersichtlicher Weise die Historie der Tollkirsche als Medikament dar. Der Beitrag kann aufgrund seiner Länge und nicht ge-

klärter Copyright-Umstände in diesem Buch leider nicht komplett wiedergegeben werden. Jeder medizinhistorisch Interessierte sollte versuchen, sich die ganze Studie zu beschaffen.

Exkurs: Das Medikament Atropin

Der deutsche Apotheker MEIN isolierte 1833 erstmals das Tropanalkaloid Atropin aus der Tollkirsche. Atropin stellt ein Isomergemisch aus d-Hyoscyamin und l-Hyoscyamin dar, hat die Summenformel $C_{17}H_{23}NO_3$ und ist »eine bitter schmeckende, in Wasser schwer, in Chloroform leicht lösliche Substanz, die in Prismen kristallisiert. Atropin schmilzt bei einer Temperatur von rund 105° C« (SCHMIDBAUER et VOM SCHEIDT 1994: 286).

Atropin wirkt parasympathikolytisch und blockiert den muscarinergen Acetylcholin-Rezeptor. Typische Atropinwirkungen sind: Trockenheit der Schleimhäute, Beschleunigung der Herzfrequenz, Relaxierungen beziehungsweise Lähmungen (je nach Dosis), Spasmolyse der glatten Muskulatur und eine Beeinträchtigung der Schweiß-, Magensaft- und Speichel-Sekretion. Atropin kann außerdem psychoaktiv, nämlich halluzinogen, wirken. Die Erkenntnisse über den Wirkungsmechanismus des Atropins beschreibt Hermann RÖMPP anhand der Ergebnisse aus Tierversuchen: »Das im Blut kreisende Atropin verteilt sich beim Meerschweinchen nach der Einspritzung so, dass Leber und Niere die größte, die Muskeln dagegen die kleinste Giftmenge enthalten, während sich im Gehirn und Blut etwa ein Viertel der in der Leber gespeicherten Atropinmenge befindet. Nach 30 Minuten ist jedoch die Lage schon wesentlich verändert; die Leber enthielt dann in einem Versuch 67, die Niere 40, die Muskulatur 9.3, das Blut 2.6 und das Gehirn 1.73 Milligramm auf je 100 Gramm Körpersubstanz. Beim Menschen dürfen wohl ähnliche Verhältnisse angenommen werden. (...) Die Ausscheidung des Atropins erfolgt in erster Linie durch die Nieren. Beim Menschen wird auf diese Weise in 1 bis 2 Tagen etwa die Hälfte des aufgenommenen Gifts wieder ausgeschieden. Das Atropin verschwindet auffallend schnell aus dem Blutkreislauf; beim Frosch ist z.B. schon eine Stunde nach der intravenösen Atropineinspritzung im Blut nichts mehr von dem Gift nachzuweisen. Ein Teil des aufgenommenen Atropins wird höchstwahrscheinlich in der Leber (und im Hirn?) zerstört. Dafür spricht auch die Beobachtungstatsache, dass Leber- und Hirnsubstanz im Reagenzglas Atropin zersetzt. Ob dabei Fermente, Wasserstoffionen oder Absorbtionsvorgänge im Serum die entscheidende Rolle spielen, ist noch nicht sichergestellt« (Römpp 1941: 58f.).

Nun hat nicht nur das Atropin heilsame Wirkungen. Auch der Tollkirsch-Wirkstoff Scopolamin wird schulmedizinisch genutzt, zum Beispiel gegen krampf- und kolikartige Leiden. Das bekannte Medikament Buscopan® ist eine Scopolaminzubereitung, nämlich Scopolaminbutylbromid (Ochsner 2003: 110). Alles in allem handelt es sich bei der Tollkirsche um eine vielseitig einsetzbare Medizinalpflanze: »Aus der Pflanze hergestellte Medikamente finden Verwendung bei Nervenkrankheiten, Epilepsie, bei krampfhaften Leiden der Schlund- und Speiseröhre und bei verschiedenen Krankheitszuständen der Harnorgane. Wegen der Wirkung des Atropins, die Pupille zu erweitern, gibt man es bei der Untersuchung des Auges. Auch dient es als Heilmittel bei Augenentzündungen, Hornhautgeschwüren und als örtliches, schmerzstillendes Mittel. Von selbst versteht es sich, dass (...) dieses Mittel nur durch den Arzt mit größter Vorsicht angewandt werden kann« (Schimpfky 1893: Monografie 67).

Atropin- und Belladonna-Präparate (nach RÖMPP 1939: 61)

- ***Atropinum sulfuricum*** »Ingelheim« (C. H. Boehringer-Sohn AG., Niederingelheim)
- Krampflösend und bei Schweißbildung

- Belladenal »Sandoz« (Sandoz-AG., Chem. Pharm. Fabr. Nürnberg)
- Beruhigend, krampflösend und bei Epilepsie, Migräne und Gefäßneurosen

- Bellafolin »Sandoz«
- Enthält die Gesamtalkaloide der Tollkirsch-Blätter

- Bellergal »Sandoz«
- Enthält die Gesamtalkaloide der Tollkirsch-Blätter, Gynergen und Luminal und wird bei nervöser Überregbarkeit, Migräne und neurovegetativen Störungen angewendet

Weitere
- Belladonna-Valerianat
- Belladonnysatum
- Belladonna-Dispert

Homöopathie

»HOM: ***Atropa belladonna*** (HAB 1.1), Belladonna, ***Atropa belladonna*** Rh (HAB 1.4): am Ende der Blütezeit gesammelte, ganz frische Pflanze, ohne verholzte Stängelteile; Konstitutionsmittel; verord. z.B. bei Fieber mit Hyperämie u. Schweißbildung, trockenen, geröteten Mundschleimhäuten u. Tonsillen (Scharlach, Angina), trockenem Krampfhusten, klopfenden Kopf- u. Ohrenschmerzen, Koliken, Erregungszuständen.«

(HUNNIUS 1998: 154)

Mit der Tollkirsche wird homöopathisch ein breites Spektrum von Symptomatiken und Krankheitsbildern behandelt. In früheren Zeiten als Medizin bei Endokarditis genutzt, setzen Homöopathen das »Belladonna« genannte Präparat gegen Arthritis und sonstige Gelenkbeschwerden, Blasen- und Augenbeschwerden (Bindehautentzündung, Gerstenkorn u.a.), Bluthochdruck, Eiterungen (Abszess, Furunkel u.a.), Erkältungen, Gicht, Delirium, Halsschmerzen (Angina, Mandelbeschwerden), Husten, Muskelschmerzen, Kopfschmerzen und Migräne, Krämpfe, Entzündungen der Luftwege, Blase, Leber und Niere, Fieber, Gesichtsröte, Menstruationsbeschwerden, Sonnenbrand, Sonnenstich, Sonnenallergie und Hitzekollaps sowie bei der Basedow-Krankheit, bei Lichtscheu und bei Zustand nach einem Schlaganfall ein (RIPPE et MADEJSKY 2006: 80, SCHÖNBERGER 1990, HERTWIG 1969: 240).

»Bis ins 18. Jahrhundert hinein wurde die Tollkirsche als Heilmittel nur äußerlich bei Augenentzündungen angewendet. Erst der berühmte Arzt Samuel Hahnemann (1755-1843), der Begründer der Homöopathie, beschreibt erstmals ausführlich eine Belladonna-Arznei:
›Dieses die Ansteckung von Scharlachfieber verhütende Arzneimittel zu bereiten, nimmt man eine Handvoll frischer Blätter der wildwachsenden Belladonna zu der Zeit, wo die Blumen noch nicht aufgebrochen sind, quetscht sie im Mörser zu Brei und drückt den Saft durch eine Leinwand, den man sogleich (ohne vorgängige Reinigung) kaum messerrückendick auf flache porzellanene Schalen gießt und in trockene Zugluft stellt, wo er binnen weniger Stunden abgedunstet sein wird. Man rührt ihn um und bereitet ihn wieder mit dem Spatel aus, damit er gleichförmig erhärte, bis zur völligen Trockenheit, so dass er sich pulvern lasse. Das Pulver wird im verstopften und erwärmten Glase aufgehoben.‹ Aus diesem Pulver bereitete Hahnemann mit destilliertem Wasser und Weingeist ein fein dosiertes Medikament, das er ohne jede Vergiftungsgefahr auch zur inneren Anwendung verordnen konnte.« (SCHMIDSBERGER 1980: 177f.)

Tafel aus ***Köhler's Medizinal-Pflanzen*** in naturgetreuen Abbildungen

»Es wurden höhere Dosierungen als ein ganzes Gramm [Atropin] überlebt, dennoch sind die Wirkungen bei 10 mg oder darüber wohl eher als toxisch anzusehen.«
(STAFFORD 1980: 358)

»Sehr giftig ist die Wurzel, die daher auf keinen Fall verwendet werden darf. Aber auch die Beeren sind nicht ungefährlich, obwohl die Gefährlichkeit geringer ist, als oft angenommen wird. Herzkranke sind allerdings besonders gefährdet.«
(JANZING 2000: 103)

»Im 19. Jahrhundert wurden unter ›Qualmkräutern‹ Hanf ***(Cannabis)***, Stechapfel (Rauchapfel oder Rauhapfel, Hexenkraut oder Hexenkümmel), Bilsenkraut und Tollkirsche verstanden, da sie alle ›ihre narkotischen Wirkungen‹ besitzen.«
(RÄTSCH et MÜLLER-EBELING 2003: 46)

In der heutigen Zeit spielt ***Atropa*** selbst für experimentierfreudige Psychoaktiva-Konsumenten keine allzu große Rolle. Nur einige wenige Kundige suchen ab und an im Pflanzengeist der Tollkirsche ihr Heil oder ihre Fragen zu beantworten; manchmal wird auch die eine oder andere Beere einfach zum Spaß gegessen oder aber eine Rauch-, meistens eine ***Cannabis***-Mischung, damit erweitert. In der Tat ist dies die ungefährlichste Methode (siehe nächsten Abschnitt), außerdem wirken gerauchte Tollkirschenblätter angenehm stimulierend und annähernd wie in gleicher Form konsumierte Blätter des ***Coca***-Strauchs. Ebenso wie der verwandte ***Stechapfel Datura spp***. eignet sich die Tollkirsche als Hanf- und Tabakadditiv.

Anwendungen

»Die psychoaktive Tollkirsche (...) wurde im 15. und 16. Jahrhundert als ein Arkanum zur Tierverwandlung angesehen. Tollkirschenblätter gehörten angeblich auch zu den Zutaten der ›Hexensalbe‹ sowie den Ingredienzien der als Schmerzmittel verwendeten Pappelsalbe (***Unguentum populeum***).«
(Rippe et al. 2001: 318)

Die Tollkirsche wird im »psychonautischen Untergrund« in verschiedenen Formen gebraucht. Sie wird gegessen und getrunken, geraucht und in Form einer Paste auf die Haut gerieben. Hier die einzelnen Methoden.

»Wahrscheinlich wurde die Tollkirsche seit dem Altertum genauso oder sehr ähnlich wie die Alraune benutzt. Möglicherweise diente ihre Wurzel auch als Ersatz für die Alraune oder wurde alternativ zu ihr eingesetzt. Im Volkstum haben sich auf jeden Fall Rudimente eines Tollkirschenkultes erhalten, die darauf schließen lassen. So wird z.B. in Ungarn die Wurzel ›in der Sankt-Georgen-Nacht nackt unter Darbringung eines Brotopfers wie an einen elbischen Unhold ausgegraben‹ (...). In Rumänien heißt die Tollkirsche auch ›Wolfkirsche‹, ›Blume des Waldes‹, ›Dame des Waldes‹ und ›Kaiserin der Kräuter‹.« (Rätsch 1998: 82)

Rauchen

Die getrockneten ***Atropa***-Blätter und -Früchte können Rauch- und Räuchermischungen beigegeben werden. Experimentatoren rauchen Tollkirsche entweder pur oder mit anderen psychoaktiven Substanzen gemischt.

Atropa-Additive in Rauchmischungen

Pflanze	Familie	Trivialname	Verwendeter Pflanzenteil
Amanita muscaria	*Amanitaceae*	Fliegenpilz	getrockneter Hut bzw. Huthaut
Cannabis spp.	*Cannabaceae*	Hanf	Blüten, Harz und Kraut
Datura stramonium	*Solanaceae*	Stechapfel	Kraut, Samen, Blüten
Hyoscyamus niger	*Solanaceae*	Bilsenkraut	Kraut
Lactuca virosa	*Compositae*	Giftlattich	Kraut, Milchsaft
Turnera diffusa	*Turneraceae*	Damiana	Kraut

Herbariums-Exemplare der Atropa vom schwedischen Botaniker Carl von Linné; Quelle: Internet

Essen und Trinken

Das Essen der Beeren ist wegen möglicher Alkaloid-Schwankungen sehr unsicher und mitunter sogar lebensgefährlich. Nach Christian RÄTSCH gelten ein bis zwei Beeren als niedrige psychotrope Dosis, drei bis vier Beeren als Aphrodisiakum und drei bis höchstens zehn Früchte als Halluzinogen. Mengen ab zehn Tollkirsch-Beeren gelten als tödlich, bei Kindern reichen schon zwei bis drei Stück (siehe unten).

Aus den frischen Früchten kann außerdem ein alkoholisches Getränk, zum Beispiel Schnaps, Wein oder Bier, hergestellt werden. Am ungefährlichsten ist jedoch eindeutig der Gebrauch von getrocknetem Pflanzenmaterial in Rauchmischungen.

Einreibungen

Die Tollkirsche war ein beliebtes und potentes Ingrediens der von Hexen, Zauberern und Heilern bereiteten Flugsalben. Hier ein nicht zur Nachahmung empfohlenes Rezept für eine psychedelische Hexensalbe (ohne Mengenangaben):

Kinderfett[4], Tollkirsche (***Atropa belladonna***), Stechapfel (***Datura stramonium***), Bilsenkraut (***Hyoscyamus niger***), Sellerie-Sirup (***Apium graveolens***), Sturmhutwurzel (***Aconitum napellus***), Tormentill-Wurzel (***Potentilla erecta***) und Asche miteinander vermischen und den ganzen Körper einreiben (MALIZIA 2002: 132).

»Wenn man diese Art Salbe auf die Haut strich, verwandelte sie den Menschen scheinbar in ein Tier, ließ ihn durch die Lüfte fliegen und versetzte ihn in eine Traumwelt. Versuche in unserer Zeit mit den In-

[4] Dieses alte Hexenrezept gibt Kinderfett an. Tierische Fette werden aber wohl gleiche Qualität besitzen.

haltsstoffen, den Alkaloiden dieser Pflanzen, bestätigten diese Wahn- und Traumerlebnisse.« (MENZEL et MENZEL 1982: 34)

Exkurs: Herstellung eines einfachen Tollkirschen-Extrakts

Tollkirschenblätter werden getrocknet und pulverisiert. Um eine bessere Lösung der Alkaloide zu erreichen, kann das Blattmaterial vor dem Pulverisieren mehrfach eingefroren und wieder aufgetaut werden. Durch diesen Vorgang platzen die Zellen im Blattinneren auf und geben die Inhaltsstoffe besser frei.

Das klein gehackte, gemörserte oder gemahlene Material nun in kochendes Wasser geben. Ein großzügiger Spritzer Zitronensäure hilft die Alkaloide aus dem Pflanzenmaterial ins Wasser zu lösen. Das ganze köchelt auf mittlerer Stufe etwa eine halbe Stunde lang. Ab und zu umrühren. Um kein alkaloidhaltiges Wasser durch Verdampfung zu verlieren, wird der Topfdeckel falsch herum aufgesetzt und ein großer Eiswürfel oder Ähnliches daraufgelegt. Dies bewirkt, dass aufsteigender Wasserdampf wieder nach unten tröpfelt. In diesem Fall darf aber die Hitzequelle nicht zu heiß sein. Ansonsten bildet sich ein enormer Druck im Topf. Außerdem würde das Blattmaterial anbrennen. Daher zwischendurch ab und zu kurz den Deckel heben und umrühren. Dann abfiltern – fertig ist das Extrakt.

Wer einen eingedickten Sirup möchte, köchelt so lang weiter, bis die gewünschte Konsistenz erreicht ist. Das hat nur den Nachteil, dass man den Deckel vom Topf nehmen muss und somit wertvolles alkaloidhaltiges Wasser verliert.

Solche simpelsten Küchen-Extraktionen werden von Experimentatoren verdünnt und vorsichtig, also vermittels sehr geringer Dosierungen, erprobt.

Tollkirschen-Ernte kurz nach dem Pflücken

Wirkungen

»Atropin aktiviert das Zentralnervensystem,
Skopolamin beruhigt es.«
(KOTSCHENREUTHER 1976: 82)

»Der Altmeister der Toxikologie, Louis Lewin, beschreibt das psychotomimetische Vergiftungsbild nach dem Verzehr von Tollkirschen in großer Menge als ein ›stürmisches Delirium mit Illusionen, Beziehungsideen und Gesichts- und Tasthalluzinationen‹, die, ähnlich den Visionen nach Haschisch- oder Kokaingenuss, Traumbildern gleichen.«
(KÜTTNER 1998: 115)

»Tollkirsche (...): Wieder ein Pflanzenwesen, das dem Tier nahe steht. Wie mit magischen Augen zwinkert es einem aus dem Wald zu. Die Astralfarbe der Blüten und Beeren zeigt, dass die Tollkirsche Einblicke in die Anderswelt ermöglichen kann. Saturn zeigt sich am dreigeteilten Stängel, dem Hexenstab. Aber Vorsicht: Der süße Geschmack warnt nicht! Die Wirkung wurde oft beschrieben; schon wenige Tollkirschen weiten die Pupillen, man kann manchmal Pflanzenauren wahrnehmen oder in Schattenwelten blicken, Nymphengesänge vernehmen oder kilometerweit hören. Viele sind aber auch nur wochenlang blind!«
(RIPPE et al. 2001: 149)

Die Wirkungen auf Körper und Geist sind gekennzeichnet durch die typischen Symptome einer Nachtschatten- beziehungsweise Tropan-Intoxikation und ähneln denen, die durch Stechapfel (***Datura*** *spp.*), Engelstrompete (***Brugmansia*** *spp.*), Bilsenkraut (***Hyoscyamus*** *spp.*) und Alraune (***Mandragora*** *spp.*) induziert werden. Je nach Dosis können Ataxie, Atembeschleunigung, Aggression, Bewegungs- und Koordinationsstörungen, Erregung (auch sexuelle), Euphorie (inklusive heftiger Lachanfälle), Halluzinationen, Haut- und Gesichtsrötung, Mundtrockenheit, Mydriasis, Raserei, Rededrang, Tachykardie, Verwirrung, Wut und im schlimmsten Fall sogar der Tod durch Atemlähmung die Folge eines Konsums sein (BERGER 2004a: 132f.).

»Leichtere Vergiftungen äußern sich in euphorischer Stimmung und einem Gefühl der Zeitlosigkeit, wie dies bisweilen auch beim Gebrauch von Haschisch vorkommt. Anschließend fällt der Betroffene in einen Tiefschlaf mit erotischen Träumen. Mittlere Vergiftungen bewirken Trockenheit der Schleimhäute mit Jucken und Brennen, begleitet von Übelkeit und Schwindel. (...) Schwere Formen der Vergiftung führen zu Tobsuchtsanfällen, psychomotorischer Unruhe, hochgradiger Erregung und Euphorie, Rededrang, Weinkrämpfen, Halluzinationen, Konvulsionen, Beschleunigung der Atmung, rasendem Puls, Blutdrucksteigerung, Seh- und Sprachstörungen, selten Erbrechen (Erbrochenes ist violett gefärbt), Fieber und Hitze mit enormem Schwitzen, pochenden Kopfschmerzen, Zittern und Zucken mit schwankendem Gang, Delirium und zentraler Lähmung bis zum Atemstillstand. (...) Als Halluzinogen ruft die Pflanze bei entsprechender Einnahme wahnsinnige Illusionen hervor, indem Tiergestalten, düstere Gesichter wahrgenommen werden. Bereits wenn man einige Blätter oder Blüten unters Kissen legt, werden lebhafte und intensive Träume wachgerufen, bei denen man glaubt, in der Luft zu schweben.« (VONARBURG 1996: 62f.)

Gustav SCHENK beschreibt die Genese einer »Tollkirschen-Psychose« sehr präzise: »Die Vergiftungserscheinungen beginnen damit, dass der Vergiftete sehr angeregt und munter wird. Die Ideen in ihm überstürzen sich, Redelust und starker Bewegungsdrang machen sich bemerkbar. Sie steigern sich bis zu ausgelassener Heiterkeit. Der Erkrankte tanzt und lacht. Auf dem Höhepunkt dieser heiteren Laune verstärkt sich seine Aufregung. Er hat keine Gewalt mehr über seine Sinne, die ihn täuschen. Er sieht Gestalten, die nicht vorhanden sind, Bewegungen, die sich nicht vollziehen. Er vernimmt Töne und Klänge, wenn auch vollkommene Stille um ihn herrscht. Farbige Gegenstände, die sich seinen Augen zeigen, verändern sich, ein Grün wird zum Schwarz, eine schwarze Fläche zu blendendem Licht. Die Verwirrung nimmt immer mehr zu, und in diesem Augenblick kann er leicht einem fremdem Willen unterworfen werden, denn er ist völlig beeinflussbar, und er wird tun, was man ihm sagt. Hat er sehr viel von dem Gift genossen, dann geht dieser sinnesversetzte und verwirrte Zustand in eine vorübergehende Geisteserkrankung über, die akuter Natur ist. Sie gibt genau das Bild eines an symptomatischer Psychose Leidenden wieder. Anfälle von plötzlicher Raserei und immer mehr sich steigernde Tobsuchtsperioden machen das Krankheitsbild schrecklich und unheimlich, das schließlich in Krämpfen endet, die denen der Epilepsie ähneln« (SCHENK 1954).
Weil die Wirkungen der Tollkirsche (und der anderen psychoaktiven Nachtschattengewächse) derart stark sind, können sowohl das Wirk-

stoffgemisch der ***Solanaceae*** wie auch einzelne isolierte Substanzen zu bösartigen Zwecken – eben einmal zu einer ganz anderen Art des Missbrauchs – genutzt werden: »Übrigens wurden Säfte aus den Nachtschattenpflanzen im Mittelalter oft den Delinquenten verabreicht, um sie zu Geständnissen zu bringen - die dann wohl oft nicht die Wirklichkeit, sondern die Rauschträume zum Inhalt hatten. Wir haben es hier somit mit einer der ersten Anwendung einer ›Wahrheitsdroge‹ zu tun. Noch bis in unsere Zeit wird das Scopolamin zu diesem Zweck verwendet, da es in bestimmter, geringer Menge eine Art Dämmerschlaf erzeugt, in dem der Mensch enthemmt und kritiklos ist. Noch im Jahre 1963 mußten in Österreich zwei Männer nach 15jähriger Haft als Opfer eines Justizirrtums entlassen werden; sie waren auf Grund eines Geständnisses unter dem Einfluss einer Scopolamin-Injektion verurteilt worden« (Schurz 1969: 37f.).

Die biochemische Erklärung für diese Phänomene ist die Interaktion der Alkaloide an verschiedenen Rezeptoren, vorwiegend aber an den Acetylcholin-Rezeptoren: »Im Zentralnervensystem (ZNS) und an den Organen sind eine ungeheure Zahl von Neuronen (Nervenzellen) über Synapsen (spezielle Nervenenden) verschaltet. Diese Synapsen ermöglichen die Informationsverarbeitung und damit die Leistungen des ZNS. Auf molekularpharmakologischer Ebene kann als gesichert gelten, dass Psychopharmaka (auf die Psyche einwirkende Substanzen) ihre Wirkung durch Beeinflussung der Neurotransmitter im ZNS entfalten, nicht nur das ›Wie‹ der Wechselwirkung, sondern auch das ›Wo‹ bei der hohen Komplexität der Organe von überragender Bedeutung ist. Das Funktionsprinzip einer Synapse soll in sehr starker Vereinfachung kurz erläutert werden. Neurotransmitter werden meist aus Vorstufen oder ihren eigenen Abbauprodukten in den Nervenzellen selbst synthetisiert und in kleinen Bläschen (den Vesikeln) gespeichert. Läuft nun eine elektrische Entladung (Aktionspotential) durch ein Neuron, so kommt es zur Wanderung der Vesikel an die Oberfläche der Zellmembran und zur Ausschüttung der Überträgersubstanzen in den synaptischen Spalt (i.e. die Lücke zwischen zwei miteinander verbundenen Neuronen). Die freigesetzten Transmitter können nun mit den postsynaptischen, also hinter dem synaptischen Spalt liegenden Rezeptoren, in Wechselwirkung treten. Durch Änderungen der Eigenschaften der postsynaptischen Membran kommt es entweder zu einer Depolarisation (bei exzitatorischen Transmittern) oder zu einer Hyperpolarisation (bei inhibitorischen Transmittern). Das Abgehen eines Aktionspotentials im postsynaptischen Neuron wird dementsprechend begünstigt oder verhindert. Oft bewirkt der freigesetzte Transmitter selbst, im Sinne einer Gegenkoppelung durch Wechselwirkungen mit einem präsynaptischen Rezeptor eine Begrenzung der Transmitterfreisetzung. Durch metabolischen Abbau oder Rückwanderung in das präsynaptische Neuron wird der Transmitter aus dem synaptischen Spalt entfernt« (Trachsel et Richard 2000).

Erfahrungen

»Dollkraut ist kalter Natur / und hat gleiche Wirckung mit dem Nachtschatt / macht schlaffen / und zu viel genossen / macht es doll und unsinnig. Daher es dann auch den Namen hat.«
(Lonicerus 1697)

»Die grosse Nachtschatten gleichet an krafft dem Manico solano, das ist dem dollen Nachtschatten / von welchem Dioscorides schreibt / will sich aber mit der gestallt gar nit darzu schicken. So man die beer isset / mache sie denselben menschen so fast doll und unsinnig / als hette in der Teuffel besessen / oder bringen ihn ja in tieffen unüberwindlichen Schlaff.«
(Mathiolus/Camerarius 1926)

Erwin Bauereiß: Der Tollkirschenwald

Ein großes Waldstück war übervoll mit den Pflanzen der wundersamen Tollkirschen-Staude. Im Schatten eines mehr oder weniger dichten Fichtenbestandes waren sie weitgehend die einzige Pflanzenart, die dort auf magerem Sandboden gedieh, viele Tausend meterhohe Stöcke, an einem dunklen und stillen, ja etwas unheimlichen Ort. Hüterin dieses Waldes war die wunderschöne Frau ***Atropa***, nicht ungefährlich, sich auf ihr Wesen einzulassen. Schon einige ihrer wohlschmeckend süßen, tiefviolett gefärbten und schwarz glänzenden Beeren vermochten einem erwachsenen Menschen die Sinne gehörig zu verdrehen. ***Atropa*** war ein Wesen der dunklen Mächte, ihr Reich die Nacht.

Am Horizont, tief im Westen, stand die silberne Sichel des gerade wieder zunehmenden Mondes. Er stand in dieser Nacht in seinem Zeichen, dem wässrigen Krebs, in einer klaren Spätsommernacht, und hoch am Himmel standen zahlreiche Sterne, darunter auch der schicksalhafte Planet Saturn im Süden. Bereits in der abendlichen Dämmerung hatte ich dieses Waldstück betreten und sogleich ein paar weiche, kugelige Früchte aus ***Atropas*** Garten zu mir genommen. Am Stamm einer Fichte ließ ich mich nieder, rings um mich eine Vielzahl dieser Nachtschattengewächse, die zu diesem Zeitpunkt alle reichlich Frucht trugen. Wohl einige Stunden saß ich nun an diesem Platz und bekam mehr und mehr das Gefühl, mit den Wesen dieses Waldes zu kommunizieren. Zu meiner Linken spürte ich das weiche Frauenhaarmoos. Rechts von mir stand ein kleines Männlein mit Hut im Walde. Ich pflückte es und ließ es durch meine Hände gleiten, einen Pilz aus der Familie der Röhrlinge, mit trockenem und filzigem Hut. Er würde bestimmt gut schmecken, und ich begann, ihn aufzuessen. Das Wasser saß wie in einem Schwamm in seinen Poren, er hatte einen durchaus angenehmen, erdigen Geschmack. In meinem Rücken spürte ich den rauen Stamm der Fichte, und in meinen Händen, die beide am Boden ruhten, hinterließen die Blätter, d.h. die Nadeln der dunklen Waldbäume, ihre Spuren. Da ich nicht viel von ***Atropas*** Waldbeeren gegessen hatte, waren meine Sinne geschärft, und ich konnte intensiv mit allen Wesen der Nacht kommunizieren. Einmal schreckte ein Reh, das nebenan auf einer nördlich gelegenen Waldwiese äste, und ein andermal ertönte das gespenstische Hu-hu eines Waldkauzes. Meine Gastgeberin *Atropa* hatte mir wieder mal wunderschöne nächtliche Stunden geschenkt. Ich möchte noch viele ähnliche, tiefe Naturerfahrungen machen können. Das nächste Mal vielleicht mitten im Hexenring des Mädchens *Amanita* am Rand eines Wäldchens schlanker Birken.

Gefahren und Nebenwirkungen

»Doch soll man wissen / das die beerlein von vil gemelten Nachtschatten gessen / den Schlaff bringen / als ich ihr selbs drey oder vier versucht / und warhafftig befand / aber zu vil ist nicht gut.«
(Bock 1627)

»... besonders durch die geradezu appetitlichen Beerenfrüchte der Tollkirsche kommen immer wieder Vergiftungen vor; 10 bis 20 Tollkirschenbeeren gelten als tödliche Dosis«
(Schurz 1969: 33).

»Nach den Erfahrungen der Beratungsstelle für Vergiftungserscheinungen in Berlin aß ein Fünfjähriger eine unbekannte Menge Tollkirschen. Es zeigten sich die typischen Symptome einer Atropinvergiftung, die nach entsprechender Behandlung innerhalb von eineinhalb Tagen abklangen. Ähnliche Symptome zeigten sich bei einem Neunjährigen, der ebenfalls eine unbekannte Menge aufgenommen hatte. Bei der Magenspülung entleerten sich noch ca. 8 unbeschädigte Früchte. Nach einem halben Tag besserte sich der Zustand deutlich.«
(Roth et al. 1994: 159)

»In den Giftmordaffären früherer Jahrhunderte spielten die Solanazeengifte eine Protagonistenrolle. Mit Hilfe von Bilsenkraut- oder Tollkirschenextrakt räumte so manche Ehefrau den ungeliebten Mann, so mancher Liebhaber den Nebenbuhler, so mancher Erbe den Erblasser aus dem Wege.«
(KOTSCHENREUTHER 1976: 83)

Wie bei allen Solanazeen, die Tropan-Alkaloide enthalten, überschneiden sich Wirkung und Nebenwirkung recht schnell und häufig. Bekanntermaßen können Psychedelika, also auch ***Atropa belladonna,*** eine latente Psychose aktivieren; der Nutzer befindet sich dann auf einem so genannten Horrortrip. Durch Tropan-Alkaloide verursachte Halluzinationen können in der Regel nicht oder nur sehr schwerlich von der Realität unterschieden werden. Dies kann für den Intoxikierten schnell zur lebensbedrohlichen Falle werden. Die größte Gefahr im Umgang mit der Tollkirsche ist aber eindeutig eine Überdosierung, welche zügig einen qualvollen Tod durch Atemlähmung mit sich bringen kann.

Ein akut Vergifteter leidet normalerweise unter Herzrasen, Halluzinationen, vergrößerten Pupillen, geröteter, warmer und trockener Haut, trockenen Schleimhäuten sowie gegebenenfalls unter Herzrhythmusstörungen, Somnolenz und motorischer Unruhe. Im Zuge der psychotischen Symptomatik kann des Öftern Lachen, Kreischen und infantiles Verhalten festgestellt werden (CATEL et al. 1957: 311). Typische Symptome bei kindlicher Vergiftung sind Bewusstseinsstörungen, Krampfanfälle, Angstzustände und Harnverhalt. Die psychoaktiven Nebenwirkungen der Tollkirsche wusste MÜNCH schon im 18. Jahrhundert gekonnt zu umschreiben: »Das Phantasiren ist abwechselnd, bald angenehm, bald schreckend, und variirt nach den Temperamenten und Gewohnheiten eines jeden Menschen« (MÜNCH 1785).

»Nach Weilemann (...) sind durch die Früchte zweijährige und ältere Kinder besonders gefährdet. In 55 % aller Fälle traten folgende Symptome auf: Erweiterte Pupillen 60 %, Herz-Kreislauf- 50 %, Magen- und Darmbeschwerden 20 %, trockene Haut und Schleimhaut 50 %, Psychose 20 %. W. führt folgendes Fallbeispiel auf: Ein dreieinhalb Jahre alter Junge aß eine oder zwei Tollkirschen. Nach fünf Stunden traten trockene Haut und Schleimhaut, Pulsbeschleunigung, erweiterte Pupillen und Ataxie auf. Die Heilung erfolgte unter symptombezogener Therapie. Bei Verzehr von Pflanzenteilen ärztliche Entleerung des Magen- und Darmtraktes, bei typischer Atropinsymptomatik Physostigminsalicylat (Anticholium R)« (ROTH et al. 1994: 159). Früher stellte sich eine Therapie wie folgt dar: »Magenspülungen mit Tannalbinzusatz. (Schlauch einfetten wegen der Trockenheit im Munde!) Bei verstopften Sonden (Tollkirschenreste oder ähnliches) Apomorphin zum Erbrechen. – Morphium mur. subc. höchstens 0,01 g (wegen zentraler Wirkung!). – Ggf. 1/2 mg Pilocarpin subcutan. – Möglichst mildere Beruhigungsmittel wie Brompräparate, Barbiturate« (CATEL et al. 1957: 311).

Anders verhält es sich offensichtlich mit den toxischen Vorfällen in Bezug auf das Kraut, obgleich die Blätter der Tollkirsche in der Regel den höchsten Gehalt des Wirkstoffgemischs aufweisen. So sind Vergiftungsunfälle »mit Blättern und Stängeln selten; in zwei Fällen hatten Erwachsene diese als Wildgemüse gesammelt, gekocht und gegessen (...). Vergiftungen mit hyoscyaminhaltigem Honig von ***Atropa***-Blüten wie HAZSLINSKY (...) sie beobachtete, dürften wohl eine Ausnahme bleiben. Im Vergleich zu Vögeln – Drosseln und Fasane fressen Tollkirschen, ohne gesundheitlichen Schaden zu nehmen – reagieren einige Säugetiere und der Mensch sehr empfindlich auf Atropin« (FROHNE et PFÄNDER 2004: 237).

Die letale, also bei 50 % der Probanden tödliche, Dosis liegt beim Erwachsenen bei ca. 100 Milligramm oral, beim Kind bei etwa zehn Milligramm und beim Baby schon bei um die zwei Milligramm (BERGER 2004a: 133f.).

Obgleich die in diesem Buch erwähnten Wirkstoffe in der Tat lebensgefährliche Wirkungen zu induzieren vermögen, kann bei einigen Menschen doch eine gewisse Immunität beobachtet werden: »Ein Trinker nahm zwei Jahrzehnte lang von Zeit zu Zeit Strychnin, um nüchtern zu werden, ebenso, wie man von einem Jäger berichtet, der im Walde zur Erfrischung ***[und zur Schärfung der Sicht?;Anm. MB]*** bis zu sechs Tollkirschen aß. Strychnossamen und Tollkirsche und ihre Alkaloide sind Träger eines Prinzips, das antipathisch und sympathisch **wirken kann**, ebenso, wie die Mohrrübe Träger eines Prinzips ist, das, zu unserem Erstaunen, sich als Gift äußern kann« (SCHENK 1939).

Im Übrigen ist der ***Atropa***-Wirkstoff nicht nur ein Gift, sondern ebenso ein Antidot, also ein Gegengift (dieses Prinzip können wir bei fast allen Toxika beobachten!), zum Beispiel bei einer Vergiftung mit dem äußerst gefährlichen Curare. Ist ein Patient mit diesem in riskante Berührung geraten, »kann [das schnelle Erwachen] durch ein Gegenmittel des Curare, nämlich durch Prostigmin und Atropin beschleunigt werden (Prostigmin 0,5 bis 2,0 mg, Atropin 0,5 bis 1,0 mg i.v.)« (CATEL et al. 1957: 479).

Eine tatsächlich erschreckende Meldung zum Thema Atropin erreichte im Dezember 2004 die Briefkästen und Mail-Clients der interessierten Gemeinde: Es kursiert(e) ein tödliches Kokain-Atropin-Gemisch! Hier die Originalmeldung, wie von Hans Cousto und Eve&Rave erhalten:

Derzeit ist in Europa ein Kokain-Atropin-Gemisch, das als besonders hochwertiges Kokain zu überhöhten Preisen angeboten wird, im Umlauf. In mehreren Ländern der Europäischen Union (Belgien, Frankreich, Italien, Niederlande) wurden insgesamt bisher 57 Personen aufgrund des Konsums dieses Gemisches mit Vergiftungserscheinungen in Krankenhäuser eingeliefert. Eine Person ist nach dem Konsum der Mixtur gestorben. Atropin bewirkt eine Beschleunigung der Pulsfrequenz, das Auftreten von Herzarrhythmien (unregelmäßiger Pulsschlag), das

Auftreten einer Peristaltikhemmung (Verhinderung der Weiterleitung der Nahrung im Magen- und Darmtrakt), das Auftreten von Spasmolysen (Krämpfen) im Mastdarm und in der Blase, wie auch im Bereich der Bronchien, eine Hemmung der Speichel- und Schweißsekretion und eine Erweiterung der Pupillen in Verbindung mit einer Steigerung des Augeninnendrucks. Vor dem Konsum dieses Kokain-Atropin-Gemisches wird dringend gewarnt!
Wenn möglich, sollten im Zweifelsfall Kokain-Proben bei einer Institution, die Drug-Checking durchführt, zur Untersuchung abgegeben werden! (...)

Quelle: Hans Cousto, 19. Dezember 2004 per E-Mail

Rechtslage

Atropa belladonna wächst wild im Wald und unterliegt in dieser Form keinen Bestimmungen. Die präparierten *Atropa*-Blätter und -Wurzeln hingegen sowie der Wirkstoff Atropin sind apotheken- beziehungsweise verschreibungspflichtig. *Atropa belladonna* und ihre Zubereitungen sind ein verbotener Stoff innerhalb der Deutschen Kosmetikverordnung vom 19.6.1985, Anlage 1: 44.

Eine aussagekräftige Zeichnung der *Atropa belladonna;* Quelle: http://www.probertencyclopaedia.com/j/Belladonna.jpg

In diesem letzten Abschnitt versammeln wir drei beachtenswerte und umfassendere Aufsätze zur Tollkirsche. Die beiden letzten Texte stammen von Fremdautoren und konnten in ihrer ganzen Länge nicht in den Gesamtkontext aufgenommen werden. Daher haben wir uns entschlossen, die wichtigen Zitate in einem eigenen Kapitel zu kompilieren.

Diese Tollkirsche erinnert in ihrer Wuchsform und mit ihren Blüten und Früchten an einen Weihnachtsbaum

Eine chemische Analyse der Tollkirsche

Von Oliver Hotz

Ich setzte mir zum Ziel, Atropin und Scopolamin in Blättern und Früchten der ***Atropa belladonna*** qualitativ und quantitativ nachzuweisen. Ein Problem dabei war die Vielfalt an verwandten und ähnlichen Stoffen, die in der Pflanze vorkommen. Ich fand in der Literatur keine Methode, welche ich eins zu eins hätte übernehmen können, – vor allem deshalb, weil die meisten Methoden nicht auf Naturstoffe ausgerichtet beziehungsweise mittlerweile recht veraltet sind. Ich versuchte also, in Anlehnung an Methoden aus der Literatur, eine eigene Methode für HPLC zu entwickeln und zu benutzen.

Was ist HPLC?

Die Abkürzung HPLC steht für ***High Pressure Liquid Chromatography***. Es handelt sich dabei also um eine chromatographische Methode, die im Funktionsprinzip sehr nahe mit der Dünnschicht- und der Fließblattchromatographie verwandt ist (Chromatographie ist ein Verfahren zur Trennung chemisch verwandter Substanzen).

Gießt man etwas schwarze Tinte auf ein feuchtes Fließblatt, lässt sich beobachten, wie sich die scheinbar schwarze Tinte in verschiedene Farben auftrennt. Die HPLC basiert auf genau demselben Prinzip. Allerdings findet bei der HPLC die Trennung eines Gemisches unter sehr hohem Druck, bei etwa 200 bis 400 Bar, statt. Anstelle eines feuchten Fließpapiers wird Kiesel-Gel verwendet. Die gelöste Probe wird dabei in einem kontinuierlichen Lösungsmittelstrom durch eine mit Kiesel-Gel eng bepackte Metallsäule gepresst. Kiesel-Gel ist eine feinkörnige, poröse Form von Siliziumdioxid.

Im nachfolgenden Versuch wiesen die Körner einen Durchmesser von 4 Mikrometern auf. Durch die kleine Korngröße erhält das Füllgut in der Säule eine extrem weite Oberfläche. Da jeder Stoff eigene, charakteristische physikalische Eigenschaften hat, haften verschiedene Stoffe unterschiedlich gut am Füllmaterial beziehungsweise lassen sich unterschiedlich gut mit dem jeweiligen Lösungsmittel von diesen Körnchen abwaschen.

Diese Trennmethode ist vergleichbar mit einem Hochwasser führenden Bach. Einige Äste werden von den Hindernissen im Bachbett kaum gebremst, andere, anders geformte Äste verheddern sich immer wieder und brauchen dadurch viel länger für den gleichen Bachabschnitt. Ist die Oberfläche der Hindernisse im Bach groß genug, und ist das Ge-

wässer genügend lang, so passieren gleichzeitig in den Bach geworfene Objekte eine bestimmte Stelle bachabwärts mit deutlichem Zeitabstand. Genau das ist bei der HPLC der Fall.
Die verschieden starke Adhäsion (Anhaftung) zwischen den einzelnen Substanzen und dem Lösungsmittel beziehungsweise dem Kiesel-Gel andererseits führen dazu, dass die zuvor gemischten Substanzen die Säule getrennt verlassen. Nun können die einzelnen Stoffe identifiziert und quantifiziert werden. Die HPLC lässt sich beinahe beliebig mit anderen Analysetechniken kombinieren. In diesem Fall erfolgt der Nachweis UV-spektrometrisch. Dazu wird der Lösungsmittelstrom der Trennsäule durch eine lichtdurchlässige Zelle geleitet. Von der einen Seite dieser Zelle wird mit einer UV-Lampe durch die Flüssigkeit geleuchtet, auf der anderen Seite der Zelle befindet sich eine Fotozelle. Über ein Spiegelsystem vergleicht ein Computer ständig die ausgestrahlte Lichtmenge mit der Lichtmenge, die die Flüssigkeit passiert hat. Ein Teil des UV-Lichtes wird dabei von der Flüssigkeit absorbiert. Das absorbierte UV-Licht führt dazu, dass einige Elektronen auf ein höheres Energieniveau angehoben werden. Dies ist aber nur bei bestimmten Elektronen möglich: dadurch entsteht ein für jede Substanz charakteristisches Absorptionsspektrum. Zudem ist die Absorption aus naheliegenden Gründen konzentrationsabhängig. Als Beispiel aus dem Alltag sei stark konzentrierter Himbeersirup erwähnt, der mehr sichtbares Licht absorbiert, als stark verdünnter Sirup es tut. Werden nun unbekannte und bekannte Stoffe unter gleichen Bedingungen gemessen, können die unbekannten Stoffe mittels der benötigten Zeit und dem Absorptionsspektrum den bekannten Stoffen zugeordnet werden und mittels der Intensität der Signale quantitativ bestimmt werden.

Material und Methoden

Als Ausgangsmethode studierte ich eine von R. Verpoorte und A. Baerheim Svendsen vorgestellte HPLC-Verfahrensweise für die Chromatographie von Tropan-Alkaloiden (Verpoorte et Baerheim 1984). Bei der

Aufarbeitung der Proben hielt ich mich an die Ausführungen aus dem Buch »Pflanzenphysiologische Versuche« (METZNER 1982) für die Dünnschicht-Chromatographie. Sie schien mir auch für die HPLC-Analyse vernünftig zu sein. Vor allem kommt diese Extraktion ohne ein Fraktionieren über analytische Säulen aus. Im Nachhinein stellt sich jedoch die Frage, ob es nicht sinnvoller gewesen wäre, eine etwas aufwändigere Extraktion durchzuführen. Ich habe aber gerade zur Aufbereitung von Pflanzenproben relativ wenige verschiedene Methoden gefunden. Die Analysen durfte ich in einem Laboratorium des PRI (Pharmaceutical Research Institute) in der Cilag AG in Schaffhausen durchführen, mit freundlicher Unterstützung von Dr. Thomas HUNZIKER.

Probenmaterial

Mein Pflanzenmaterial bestand aus im August im Eschheimertal bei Schaffhausen gesammelten Blättern und Beeren. Ich habe bewusst auf das Sammeln von Wurzelmaterial verzichtet, obwohl dieses pharmakologisch sehr interessant ist. Um an den Wurzelstock zu gelangen, hätte ich eine ganze Pflanze ausgraben müssen. Da aber ausreichende Kenntnisse zum pharmakologischen Profil der Tollkirsch-Wurzeln innerhalb der relevanten Literatur vorhanden sind, habe ich davon abgesehen, ein ganzes Exemplar zum Zweck der Analyse auszugraben. Es wäre in meinen Augen schade gewesen, ein vollständiges Gewächs für eine nicht dringend notwendige Untersuchung auszugraben. Die von mir selbst gezogenen Pflanzen waren zu klein, um mit einer ausgewachsenen Tollkirsche verglichen werden zu können. Das gesammelte Ausgangsmaterial habe ich bis zu den Analysen vor Licht geschützt und über Trocknungsmittel bei etwa minus 18 °C im Gefrierschrank gelagert.

	Frischmasse [g] =100%	Trockenmasse [g]	Trockenmasse [%]
Blätter	6,4 Gramm	1,9 Gramm	29,6 %
Beeren	21,4 Gramm	5,4 Gramm	25,3 %

Probenaufarbeitung

Zuerst wog ich die Proben: Dann habe ich diese bei 80° C und reduziertem Druck getrocknet. (Bei der weiteren Aufarbeitung der Proben hielt ich mich an eine Methode aus METZNER 1982: 83.) Die Angaben in Klammern beziehen sich auf die Aufarbeitung der Beeren.

1,0 Gramm (2,0 g) der zerriebenen Blätter versetzte ich mit 50 Millilitern (100 ml) verdünnter Schwefelsäure und erhitzte dieses unter Rühren im siedenden Wasserbad für etwa fünf Minuten. Den Extrakt habe ich heiß filtriert und nach dem Abkühlen mit 50 Millilitern (100 ml) 10%igem Ammoniakwasser neutralisiert. Dabei fand ein Farbumschlag von rötlichbraun zu olivgrün statt. Der pH-Wert lag nun in beiden Fällen deutlich über 8. Aus dieser Lösung habe ich dann mit 100 Millilitern (200 ml) Chloroform in drei Schritten (1 x 50 ml/100 ml und 2 x 25 ml/50 ml) die Alkaloide extrahiert. Anschließend verdampfte ich das Chloroform bei 50 °C. Den Rückstand löste ich dann in 10 Millilitern (2 ml) Methanol/Wasser 1:1 und verwendete 20 ml (10 ml) für die Analyse. Dabei kam ich zu folgenden Resultaten:

	Atropingehalt [%]	Scopolamingehalt [%]
Beeren	0,22 %	0,017 %
Blätter[5]	0 %	0,12 %

[5] Die Werte der Blätter stimmen vermutlich nicht. Der Scopolamingehalt ist ziemlich sicher kleiner als der abgegebene Wert. Außerdem ist es fast sicher, dass Atropin in den Blättern nachgewiesen werden müsste.

Von den traurigen Wirkungen des Waldnachtschattens (*Atropa Belladonna Linnaei*)

Von Dr. D. Thomann, Landgerichtsarzt Arnstein, 15. August 1791

Der Bericht des Arztes THOMANN ist knapp zweihundert Jahre alt und enthält medizinische Anweisungen für die Behandlung einer *Atropa*-Intoxikation, die in der heutigen Zeit keinesfalls nachgeahmt werden dürfen. Auch ist der Text in einer älteren Sprache verfasst.

Vorwort

Beckers Noth- und Hülfsbüchlein ist als das nützlichste Volksbuch allgemein empfohlen, von vielen Landesherren und Obrigkeiten ihren Unterthanen angeschafft, und neuerlich erst von Seiner Hochfürstl. Gnaden zu Wirzburg und Bamberg, dem um das Wohl seines Landes so sehr besorgten Landesvater in alle Gemeinden und Schulen zum Vorlesen ausgetheilt worden. Gleichwohl gibt es noch ganze Ortschaften im Wirzburgischen, welche davon noch gar nichts wissen. Einige Personen aus dem Orte Stetten bey Arnstein aßen Wolfskirschen im Gramschatzer Wald mit dem unglücklichen Erfolg. Auf die Frage: ob sie diese giftige Frucht nicht aus dem Noth-Hülfsbüchlein kennen gelernt hätten? Gaben sie zur Antwort: daß dieses Buch ihnen gar nicht bekannt sey. Da es der Mühe werth ist, diese betrügerische Frucht und ihre Wirkungen recht genau kennen zu lernen, um fernern Unglück vorzubeugen: so schicke ich Ihnen beyliegenden Aufsatz eines hoffnungsvollen jungen Arztes, des Herrn D. Thomann, Amtsphysikus in Arnstein, welcher vielleicht in Ihrem Journal einen Platz verdient. Ich bin Gokler, Cooperator in Gnezgau.

Bericht

Es ist hinlänglich bekannt, daß Gifte oft unschädlich und heilsam, fast alle herrliche Arzneyen sind. Alle sind heilsam, wenn sie in der gehörigen Dosis gegeben werden. Oft sind Nahrungsmittel, die der Natur des thierischen Körpers angemessen sind, weit schädlicher, und könnten manchesmahl eher Gifte genennt werden; wo im Gegentheil jene unschädlich sind, so daß man zweifelhaft bleibt, was man eigentlich Gift nennen solle. Ebenso ist der Nachtschatten ein bewährtes Mittel wider manche Uebel. Münch empfiehlt ihn im tollen Hundsbiß, in der Epilepsie; durch ihn heilte Stoll einen Veitstanz; Bromfield, Theden, Ziegler geben ihn in Drüsenkrankheiten, Kropfdrüsen, Krebsknoten, krebsartigen Geschwüren, Flechten, alten Geschwüren; Buchhave im Keichhusten; Theden im Kopfgrind; Evers in Lähmungen, Verstopfungen; W. Greding bey der Fallsucht und bey der Gelbsucht; Unzer zum Austreiben der Krätze; Gulbrand in Krämpfen des Augapfels.

So heilsam aber der Nachtschatten auch immer ist, so sah ich doch kürzlich auf den häufigen Genuß seiner Beere den Tod erfolgen. Ein starkes, gesundes Bauernmädchen, aus Stetten bey Wirzburg, von ungefähr 20 Jahren, aß in Menge von den schwarzen Beeren dieser Pflanze. Bald darauf bekam sie einen heftigen Durst, und trank aus allen Quellen, wo sie vorüber gieng. Eben denselben Abend klagte sie über Brennen im Hals und Magen, über Magendrücken, hatte Ekel für Speisen und Kopfweh. Den anderen Tag früh klagte sie über Durst und Magenweh. Bald nachher fühlte sie eine Schwere im Kopf, ward schwindlicht, wurde verwirrt, taumelte wie unsinnig hin und her, stürzte öfters betäubt vor sich nieder; das Gesicht und der Kopf lief ihr auf; sie verlor die Sprache, das Bewußtseyn, und stürzte gleich darauf an schlagfüssigen Zufällen tod zur Erde. Zwey andere Mädchen, die eben auch von den Beeren, nur weniger, als die erstere gegessen hatten, brachen sich die Nacht über, und waren den anderen Tag wohl. Vielleicht hätte ein geringes Mittel, wenn baldige Hülfe wäre angewendet worden, die erstere gerettet. Einige Stunden nach dem Tod lief ihr der Bauch und die Magengegend auf und spannte sich wie eine Trommel;

das Gesicht war angeschwollen, blauroth, die Augen und der Hals hervorgetrieben: Die schleunig zugenommene Fäulnis, vermuthlich die Folge der Auflösung der Säfte, verstattete die Öffnung des Leichnams nicht.

Noch eine Geschichte, die mir bekannt geworden ist, will ich hier erzählen; Vier Leute hatten die Beeren dieses Krauts aus Unwissenheit sehr häufig gegessen. Nach einer halben Stunde äußerten sich schon Schwindel und Zittern der Hände. Sie eilten nach Haus und hatten unterwegs Ekel, Ueblichkeit und so heftigen Durst, daß sie ganze Ströme Sauerwasser, das in der Gegend quillt, tranken. Einer von diesen, der die meisten Beeren gegessen hatte, konnte nicht essen, weil ihm der Hals zusammengezogen schien, taumelte im Gehen, war beängstigt, schwindelte und redete oft albern. Man brachte ihn zu Bett. Nach einigen Stunden fand man ihn fühllos, röchelnd und in einigen Zuckungen. Abends war er ganz betäubt, die untern Glieder steif, alle Hautgefäße sehr aufgetrieben, besonders auch das sonst magere und blasse Gesicht, das nun ungemein roth war, in großer Hitze, starkem Schweis, sein Puls äußerst voll und geschwind. Er schlief beständig. Endlich kamen vermehrt Zuckungen, und er starb noch denselben Abend. Die andern bekamen Zuckungen, redeten irre, hatten brennende Hitze, Schweiße, die Adern waren aufgetrieben, die Augen offen und starr, sie wüteten beständig, waren ängstlich, scheuten Flüssigkeiten. Nachdem man jedem einige Gran Brechweinstein mit Mühe eingeflößt hatte, brachen sie eine Menge der Beere aus, bekamen Leibesöffnung, waren nach einigen Stunden wieder bey sich, und wurden nach vielen Tagen völlig wieder hergestellt.

So können die heilsamsten Mittel durch unmäßigen Gebrauch schädlich werden. Aufmerksam sollte man alle Menschen auf solche Kräuter machen, damit sie sich nicht durch die schöne und betrügerische Farbe und Gestalt ihrer Früchte verführen lassen, und aus Unwissenheit mit ihnen den Tod einschlucken. Kinder sollte man schon in den Schulen mit solchen Dingen bekannt machen, wo man sie zwar in den Nützlichen zu unterrichten pfleget, das Schädliche aber ihnen kennen zu lernen gewöhnlich verabsäumet; am wenigsten sie in der Natur, und in dem, was um sie ist, unterrichtet. Kein Wunder, wenn sie alsdenn aus Unwissenheit ihrem eigenen Körper schädlich werden.

Man darf den Waldnachtschatten nur einmal gesehen haben, so wird man ihn von andern Pflanzen leicht unterscheiden können. Er ist eine ausdauernde Pflanze, wächst in Deutschland in gebirgichten Wäldern, und wird gewöhnlich 4 bis 7 Schuh hoch. Der Stängel ist aufrecht, weich, glatt, 1 bis 3 Zoll dick und theilet sich in viele Aeste. Seine Farbe ist röthlicht, die Aeste aber sind meistentheils grün. Innerhalb scheint der Stängel ausgehöhlet zu seyn, und ein trockenes weiches Mark überziehet seine dünnen brüchigen faserigen Wände. Die Blätter an den Aesten sind von verschiedener Größe, weich, eyförmig und laufen an beyden Enden spitzig zu; ihre Ränder sind gezähnt und weich. Sie haben weder einen besonderen Geruch, noch Geschmack. Die Blüthe ist glockenförmig; ihre enge runde Mündung eingeschnitten und in 5 kleine Lippen getheilt; ihre Farbe spielet aus dem grünen ins rothe. Die Blüthe ist mit einem kurzen, einblättrichten Kelch bedecket, der eben auch fünfmal eingeschnitten ist; die Lappen aber sind weit länger und laufen ganz spitzig zu. Ihre Wurzel ist lang, dick, theilet sich in viele Aeste, inwendig ist sie weiß und saftig; ist ohne Geruch und Geschmack. Die Beere sind fleischicht, rund und schwarz, den gemeinen Kirschen ähnlich und enthalten mehrere kleine weise nierenförmige Körner, die durch eine Scheidewand getheilet sind und an dem weichen Theil der Beere, gleichsam wie an einem Mutterkuchen, sitzen. Der Geschmack ist ohne Annehmlichkeit süßlicht. Die Pflanze blühet im Junius und Julius, und trägt im August und September ihre zeitige Frucht, die schwarzen Beere, Tollkirschen, Wutbeeren, Wolfskirschen genannt.

Die beste und sicherste Hülfe, die man solchen Verunglückten ertheilen kann, ist: wenn man ihnen gleich nach dem Genuß dieser schädlichen Beere, so bald die geringsten Zufälle erfolgen, einige Grane Brechweinstein in Wasser aufgelöset, eingießt, ihnen häufige reizende

Klystire gibt, um den Magen und die Gedärme von diesen Beeren auszuspühlen. Die besten Klystire zu diesem Zwecke sind die von Molken, denen viel Essig und einige Grane Brechweinstein mit etwas Oel oder Honig beygesetzt werden. Nach dem Brechen dienen häufige, säuerliche Getränke von lauwarmen Wasser mit Essigmeth versüßt, Molken, Essigwasser, Limonade, Wasser mit Weinstein säuerlich gemacht, Gerstenwasser, Buttermilch u.d.g. Um die Leibesöffnung zu befördern, so läßt man den Kranken einige Loth Cremor Tartari oder englisches Salz in Wasser aufgelöset mit etwas Essigmeth, auch Schwefelmilch, oder Ricinusoel nach und nach einnehmen. Hat der Verunglückte schon Betäubung, Schwindel, drohen schlagfüssige Zufälle, so muß, nebst den angegebenen Mitteln, besonders wenn seine Leibesbeschaffenheit und körperliche Anlagen es erfordern, eine Ader geöffnet werden; doch erfordert dieses jederzeit Behutsamkeit. Man muß ihm Tücher, die in kaltes Wasser, in einer Auflösung von Salpeter und Salmiak, oder in Essig eingetaucht werden, nach abgeschorenen Haaren über den Kopf schlagen. Beständig muß der Unglückliche in freyer Luft seyn, und sein Körper immer beweget werden. So bald der Magen und die Gedärme von dem Gift geleeret sind, so gibt man, um das ins Blut aufgenommene Gift durch alle Aussonderungswege hinauszuschaffen, abführende, urin- und schweistreibende Mittel, und setzet ihn in lauwarme Bäder; auch Blasenpflaster auf die Waden gelegt sind empfohlen worden. Um der Auflösung der Säfte durch das eingesogene Gift vorzubeugen, müssen wieder eigene Mittel geordnet werden. Jederzeit erfordert es, um solche Unglückliche zu retten und die Mittel zweckmäsig anzuwenden, die Gegenwart eines erfahrenen Arztes, ohne welchen sie gewiß der Raub Todes werden.

Originalquelle: Journal von und für Franken (3)3: 340-346; Nürnberg 1791

Tafel aus William Woodville: Medical Botany, 1790, Quelle: www.rarebooks.com

Wilhelm Pelikan: *Atropa Belladonna*, die Tollkirsche

Eines der wenigen bei uns wirklich heimischen Nachtschattengewächse ist die Tollkirsche, aber eines der charakteristischsten, eine Staude der Bergwälder, die diesen Stätten elementaren Naturgeschehens als ein Gefährliches, Dämonisches geheimnisvoll sich einverleibt. Das zwielichtige Grenzgebiet, in dem die Tageshelle dem feuchten Walddunkel begegnet, ist die Zone, in welche die Tollkirsche am liebsten hineinwächst. Dies kann der Waldrand, eine kleine Waldlichtung, ein Kahlhieb sein, wenn nur der Boden dunklen Humus enthält, Schattenkräfte genug vorhanden sind. Wirkt die Sonne stärker und hält ihr nicht genug Dunkelkraft Widerpart, so verschwindet die Pflanze schnell.

Aber nicht nur der Wuchsort, sondern auch die ganze Gestalt ist der Ausdruck des Kampfes lichter und dunkler Wesenskräfte. Für immer ins Dunkle birgt sie ein Hauptorgan, den kräftigen, älterwerdenden, mehrköpfigen Wurzelstock. Aus ihm holt das Frühjahr energisch die Sprosse mit ihren gestielten, großen, ganzrandigen und eiförmig zugespitzten Laubblättern empor, holt sie in das obere Reich – bis im Herbst das untere Reich ihr Wesen wieder in die Wurzel hinabverlangt. Kräftig und schnell wächst dieser Sproß, man erwartet, ihn zu einer weit über mannshohen Gestalt oder gar einen Baum gedeihen zu sehen. Wie bald aber wird diesem lebendigen Aufwachsen ein jähes Ende bereitet! Schon steht es still – was hat es gehemmt? Eine Blüte hat sich als unüberwindliches Hindernis in den Weg gestellt. Der Wachstumsstrom, kraftvoll entfacht, kann sich mit der bisher erreichten Höhe – etwa ein Meter – nicht begnügen; er fährt in meist drei Seitenstrahlen auseinander, einem Springbrunnenstrahl nicht unähnlich, den eine kräftig niedergeführte Faust hemmte und der nun schräg nach aufwärts ausweicht. Von diesem Punkt an ist aber die ganze Pflanze bereits etwas anderes geworden. Was sich in der ersten Blüte so früh und sichtbar ankündigte, hat von dem ganzen weiteren Wachstum Besitz ergriffen, das nach der Seite ausweichende konnte ihm nicht entrinnen, und so ist nun das wie ein dreistrahliger nach oben weit geöffneter Trichter anzuschauende Gebilde eigentlich ein einziger Blütenstand geworden, obwohl es ebensosehr krautig wie blatthaft erscheint. Indem sich die Staude mit ihrer ganzen blättrigen Kraft entfalten wollte, ist sie vom Blütenprozeß förmlich überfallen worden. Die den erwähnten Trichter bildenden Seitensprosse sind dadurch ein seltsames Gemisch von ineinander gewachsenem Blatt- und Blütenhaften geworden. Man gewahrt, sich immer wieder bis zum Zweig-Ende rhythmisch wiederholend, folgende Dreiheit: ein kleines Blatt, das – als Vorblatt – der Blüte innig zugehört, aus dessen Blattwinkel ihre Knospe nach oben steht - und daneben, auf der anderen Seite, ein großes Blatt, das als Deckblatt der Blüte angesehen sein will, aber im Grunde genommen als Vorblatt zu der weiter unterhalb stehenden Blüte, ein Stockwerk tiefer, dazugehört, das aber in seinem Stiel mit dem Sproß zusammenwuchs und von ihm ein Stockwerk hinaufgetragen worden ist. Das große Blatt gehört also mehr dem Sproß an, seine Größe verdankt es dessen stärkeren Ätherkräften; das kleine Blatt aber gehört mehr der Blüte zu, deren astralische Kräfte ihm offensichtlich seine Wachstumskraft gemindert haben. Die Blütenknospen stehen alle auf der Innenseite des erwähnten Trichters und alle nach oben gewendet. Dies muß nachdrücklich erwähnt werden, weil man sonst das nun Folgende nicht nach Gebühr wertet. Im Entfalten wendet sich nämlich die Blüte mit einer starken Drehbewegung, Schatten suchend, nach abwärts und außen und kriecht unter das daneben stehende große Blatt - wie unter einen Sonnenschirm. Sie ›flieht also das Licht und fällt dabei in die Schwere‹. Ein tief eingestülpter Schlund öffnet sich, in dessen Farben schwaches, verdämmerndes Gelb mit düsterem Violettbraun kämpfen. Die ›Biene der Erde‹, die schwere Hummel, holt den Nektar. Dann schwillt schwarzviolett, einem Tierauge vergleichbar, die vielsamige ›Kirsche‹ und verläßt hierbei ihren Schattenschirm, hebt sich wieder ins hellere Dämmern. Die dunklen Töne, die sich schon schwärzlich-violett-bräunlich am Sproß zeigten, die Zweige, die Blüten tingieren, finden in der glänzend schwarzen Beere ihr gipfelndes Finale. Derart ist die Pflanze empfindlich für das Zusammenspiel von Licht und Finsternis. Die Blätter zeigen dies schon; sie sind richtige Schattenblätter in ihrem feineren Bau, ihre Struktur ändert sich jedoch, wenn mehr Licht sie umspielt. Die Samen aber sind Lichtkeimer, laufen im Tiefschattigen nur sehr zögernd auf. Aber nicht nur im Zusammenwirken von Licht und Dunkelheit charakterisiert die Tollkirsche ihr Wesen, sondern auch im Ineinanderweben von Wasser und Luft. Begierig saugen die Wurzeln die wachsenden Sprosse das Wasser aus dem feuchten Waldhumus auf und veratmen es in die Atmosphäre. Dieses intensive ›Verluften‹ des Flüssigen verrät sich beim Abpflücken eines Zweiges; nach ganz kurzer Zeit hängt er schlaff hinab, da dem starken Ausdunsten kein Nachstrom mehr Ausgleich bietet. Fortwährend wollen Verwelkekräfte aus dem Element des Astralischen, der Luft, die Pflanze ergreifen, fortwährend aber wird dies durch ein frisches Sichdurchpulsen mit dem Element des Ätherischen, dem Wasser, wettgemacht. Ein starker Lebensprozeß gleicht die Wirkungen übermäßigen ›Astralisierens‹ weitgehend aus. Es wurde dies schon in dem Sichineinanderfügen des Blütenhaften mit dem Blatthaften offenbar, indem jenes, obwohl ihm der vorzeitige Einbruch in die Pflanzengestalt gelang, doch dieses bis zum Sproß-Ende unverwandelt neben sich dulden mußte. Es zeigt sich auch in den vitalen Kelchblättern, welche die Blüte lange überleben, auf deren breitem grünen Teller die schwarzviolette Beere sitzt. Vitalisieren und Entvitalisieren ringen derart fortwährend um die Oberhand. Die Blütezeit ist Juni – Juli, die Beere reift im Herbst.

Atropa Belladonna ist – in allen ihren Teilen – für den Menschen giftig. Vögel, Kaninchen – Tiere mit in gewissem Sinne überwiegenden Nerven-Sinnes-Prozessen – fressen ungestraft von ihr. Der Chemiker entdeckt in ihr die typischen Nachtschattenalkaloide (l-Hyoscyamin, Atropin, l-Scopolamin, Apoatropin, Belladonin), außerdem einen blau fluoreszierenden Stoff (a-Methyl-Aesculetin), der dem in der Roßkastanienrinde enthaltenen Schillerstoff (Aesculin) sehr verwandt ist. In der Asche findet sich ein nicht zu übersehender Kieselsäure- und Magnesiumgehalt sowie eine Spur Kupfer. Erstere zwei Stoffe sprechen von der verborgenen Lichtsehnsucht unserer Pflanze, denn sowohl Kieselsäure als auch Magnesium hängen, wie nun schon mehrfach ausgeführt, mit Lichtprozessen zusammen, dienen ihnen, sind ›Lichtelemente‹.

Belladonna ist eine der ›großen‹ Heilpflanzen der Medizin. Ihre Wirkung, so vielseitig sie auch ist, ergibt sich doch aus den nun skizzierten Prozessen ihres Wesens. Es ist eine Wirkung auf die Art des Zusammengehens der menschlichen Wesensglieder ganz allgemein und eine solche auf spezielle Organgebiete im Besonderen. Daß unter diesen speziellen Organgebieten das Auge eine besondere Rolle einnimmt, wird niemand wundern, der die Beziehung des Tollkirschenprozesses zu Licht und Dunkelheit gewahr geworden ist. Die Begegnung zwischen Licht und Finsternis, Nachtwelt und Tagwelt, vollzieht sich aber nicht nur in einem Organ, wie dem ›am Licht für das Licht geschaffenen‹ Auge, sondern – als Übergang vom Schlaf zum Wachbewußtsein – für die menschliche Gesamtwesenheit. Es heißt darum im 19. Vortrag von ›Geisteswissenschaft und Medizin‹, nachdem dargestellt ist, wie gewisse Pflanzen sich gegen die unmittelbaren Erdkräfte wehren und dann viel von ihren Bildekräften aufsparen für die Blüte- und Fruchtbildung (wie dies die Tollkirsche so notorisch tut): ›Wehrt sich die Pflanze gegen diese Erdenkräfte, dann ist sie ausgesetzt den außerirdischen Kräften, wenn es zum letzten Abschluß der Samenbildung, der Fruchtbildung kommt, und dann wird sie zu einer solchen Pflanze, die eigentlich möchte so in die Welt hinausschauen, wie die höheren über dem Pflanzenreich liegenden Wesen in die Welt hinausschauen. Dann zeigt sich die Begierde zum Wahrnehmen. Nur hat sie keine Organisation dafür, wahrzunehmen; sie ist Pflanze geblieben und will entwickeln so etwas, wie es im menschlichen Auge liegt. Aber sie kann kein Auge entwickeln, weil sie eben einen Pflanzenkörper, nicht einen Menschen- oder Tierkörper hat. Deshalb wird sie eine Tollkirsche. Ich versuchte, Ihnen etwas anschaulich und bildlich diesen Prozeß zu schildern, der da beim Tollkirschewerden vor sich geht. Sie wird eine Tollkirsche, und sie wird, indem sie zur Tollkirsche wird, indem aber schon in ihren Wurzeln diese Kräfte darinnen liegen, die sie dann zuletzt zu der schwarzen Beerenbildung bringen, verwandt mit alle dem, was gerade im menschlichen Organismus so wirkt, daß es nach der Gestaltenbildung treibt, daß es nach dem treibt, was eigentlich nur in der Sphäre der Sinne vor sich gehen kann, daß es also den Menschen heraushebt aus der Sphäre seiner Organisation in die Sphäre seiner Sinne. Der Prozeß, der vor sich geht beim Aufnehmen kleiner potenzierter Quantitäten von Tollkirsche, der ist außerordentlich interessant, denn er ist furchtbar ähnlich dem Prozeß des Aufwachens, wenn man gerade noch nicht sinnlich wahrnimmt, sondern wenn die sinnliche Wahrnehmung noch innerlich potenziert ist zum Durchsetzen des Bewußtseins mit Träumen, da ist eigentlich immer so eine Art Tollkirschenwirkung im Menschen. Und die Vergiftung durch die Tollkirsche beruht darauf, daß derselbe Prozeß, der sonst im Menschen verrichtet wird beim Aufwachen, wenn das Aufwachen von Träumen durchsetzt ist, im Menschen hervorgerufen wird durch das Tollkirschengift, aber dauernd gemacht wird, nicht vom (Tages-)Bewußtsein wiederum übernommen wird, sondern diese Übergangserscheinungen bleibend werden. Das ist das Interessante, daß man sieht: die Prozesse, die auch durch die Vergiftungserscheinungen hervorgerufen werden, sind so, daß, wenn sie mit dem richtigen Zeitmaß im Menschen hervorgerufen werden, sie dann zu der ganzen menschlichen Organisation dazugehören... das Aufwachen des Menschen hat etwas in sich vom Tollkirschewerden, es ist nur ein abgemildertes ... ein solches, das sich eben auf den Moment des Aufwachens beschränkt. Würde der Aufwachmoment zum Dauerzustand, so schließen diese Ausführungen, so wäre er tödlich – wie eine Tollkirschenvergiftung.‹

Der Nachtmensch wird also durch Belladonna gleichsam an den Tagmenschen herangeführt, ragt aber überall in diesen Tagmenschen hinein. Die Augen sind aufgetan, aber mitten im hellen Tag sind sie so, als hätten sie sich in voller Dunkelheit geöffnet. Der untere, der Blutmensch, drängt aus seinen unterbewußten, unbewußten Tiefen in den Nervenmenschen, in die Hauptesregion. Denn der Organismus ist ja wach in den Sinnen; er schläft im Stoffwechsel, immer, auch am Tage. Das Blut dringt nach oben, der Kopf wird heiß, das Gesicht rot. Unter dem Einfluß des Tollkirschengiftes bricht gleichsam das Blutprinzip ins Nervenprinzip ein. Die Blutgefäße des Auges überfüllen sich, Nasenbluten tritt ein, Speicheldrüsen und Tonsillen schwellen, ebenso schwillt und rötet sich die Zunge. Überempfindlichkeit gegenüber äußerer Kälte tritt ein. Da ähnliche Zustände bei vielen Krankheiten, die mit akuten Fiebern und Entzündungen im Anfangsstadium gekennzeichnet sind, auftreten, hat sich die homöopathische Heilweise der Belladonna als wichtiges Mittel bei diesen Anfangszuständen versichert. Hinzu treten Migräne, kongestive Kopfschmerzen, ferner aber auch die Behandlung der Folgeerscheinung von Gehirngrippe (›Bulgarische Kur‹). Die auf das Haupt wirkende starke Wurzelkraft der Belladonna offenbart sich hierin.

Daß eine Pflanze mit so abnorm eingepreßten Astraltätigkeiten auf Zustände wirkt, bei denen der menschliche Organismus in bestimmten Organgebieten ein abnorm starkes Eingreifen des Astralleibes aufweist, was als Verkrampfung sich offenbart, ist gut verständlich. So hat man sich der Belladonna bei Keuchhusten, Asthma, Magen- und Darmkrämpfen, den Krampfzuständen bei Gallen- und Nierenkoliken, Krämpfen im Uterusgebiet bedient, sogar bei Lähmungszuständen z.B. des Blasenschließmuskels.

Im Sinnesnervengebiet kann sich der Tagmensch in bewußter Geisttätigkeit ausleben; im Stoffwechsel-Gliedmaßensystem ist der Mensch unbewußt, in einem bis zum Schlaf abgedämpften Bewußtsein tätig; diese Tätigkeit ist eminent geistig, aber eben unbewußt; der Nacht-

mensch lebt in ihr. Es ist Geistiges, indem es unbewußt bleibt, gleichsam gefesselt an die Organtätigkeit und Stoffzubereitung. Durch das Tollkirschengift kann ein Teil dieser Geistigkeit aus dem Stofflichen herausgetrieben, freigesetzt werden. Ein solches Freiwerden des Geistigen von seiner organischen Grund- und Widerlage soll aber normalerweise nur im Gehirn, den Nerven- und Sinnesorganen erfolgen. Steigt es entfesselt aus den Tiefen der Stoffwechselorgane auf, so werden abnorme Seeleninhalte als Visionen etc. erlebt. Zugleich ergreift ein toller, pathologischer Bewegungsdrang das Muskelsystem. Die Bedeutung der Tollkirsche zur Behandlung sogenannter geistiger Störungen ergibt sich dadurch.
Aber erinnern wir uns, daß wir durch die Tollkirschenpflanze einen intensiven Kampf zwischen ätherischem und astralischem Prinzip verfolgen konnten. Außerdem ist sehr zu beachten, daß Belladonna durch alle Wachstumsstadien so weich und unverhärtet bleibt. Im Herbst welkt und wittert die ganze stattliche Erscheinung fast spurlos weg. Es besteht darum ein Teil der Belladonna-Heilwirkung auch – bei entsprechender Dosierung – in einem Anregen der Lebensprozesse (der Tätigkeit des Ätherleibes) und einem Bekämpfen der Verhärtungs- und Mineralisierungsprozesse – wie sie durch ein frühzeitiges Altern in der Gesamtorganisation oder einem Organgebiet (vor allem im Auge) auftreten können.

Quelle: Pelikan 1958

Tafel aus L. Watson; M. J. Dallwitz: ***The Families of Flowering Plants;*** Quelle: http://biodiversity.uno.edu/delta/

Aus: ***Die Giftgewächse Deutschland und der Schweiz***, in lithographierten und colorierten Abbildungen mit erläuterndem Text. Eßlingen: Schreiber, 1867

Glossar der medizinischen Fachausdrücke

adstringierend: zusammenziehend (Wirkung von Medikamenten)
Amine: Basische, sich vom Ammoniak ableitende Verbindungen
Analgetikum: Schmerzmittel
Applikation: Verabreichung von Medikamenten
Ataxie: Störung der Koordination von Muskelbewegungen
Carotis: Halsschlagader
Cerebrum: Gehirn
cerebral/cerebralis: zum Großhirn gehörend
chronisch: langandauernd
Delirium: Geistesstörung infolge Hirnverletzungen, Lungenentzündung und anderer Krankheiten
Endokarditis: Entzündung der Herzinnenhaut
Gastritis: Magenschleimhautentzündung
Genese: Ursprung
Hyperämie: vermehrte Blutfülle
Hypnotikum: Schlafmittel
Injektion: venöse Applikation
internistisch: die innere Medizin betreffend
Intoxikation: Vergiftung
Intoxikierte(r): Vergiftete(r)
Karditis: Herzentzündung
Katecholamin: im Nebennierenmark gebildete aromatische Amine (Adrenalin, Noradrenalin, Dopamin)
klimakterisch: die Wechseljahre betreffend, durch sie bedingt
Kontraindikation: Gegenanzeige
Konvulsion: krampfhafte Zuckungen
latent: verborgen

Metabolismus:	Stoffwechsel
Miosis:	Pupillenverengung
Mydriasis:	Pupillen verschiedener Größe
mydriatisch:	pupillenerweiternd
Neuron:	Nervenzelle
neurovegetativ:	den Teil des Nervensystems betreffend, der nicht dem Willen unterliegt
offizinell:	in Apotheken erhältliche und ins Deutsche Arzneibuch (DAB) aufgenommene Medikamente.
Ophthalmologie:	Augenheilkunde
parasympathikolytisch:	den Parasympathikus entkrampfend
Parasympathikus:	dem Sympathikus entgegenwirkender Teil des vegetativen Nervensystems
Pharmakopöe:	offizielle Zusammenstellung zu benutzender Arzneimittel
Psyche:	Seele
psychotomimetisch:	ähnlich einer Psychose auftretend
Relaxans:	Entspannungsmittel
Rezeptor:	Substanzen bindendes Molekül
Sedativ/Sedativum:	Beruhigung/Beruhigungsmittel
Spasmolyse:	Krampflösung
Spasmus/Spasmen (Mz.):	Krampferscheinung(en)
Suppositorium:	Arzneizäpfchen
symphathikomimetisch:	dieselben Erscheinungen hervorrufend wie bei Erregung des Sympathikus
Synapsen:	spezielle Nervenenden
Tachykardie:	krankhaft gesteigerte Herzfrequenz
Theriak:	opiumhaltiges Allheilmittel im Mittelalter
Toxikologie:	Lehre von den Giften und Vergiftungen
Unguentum:	Salbe
Uterus:	Gebärmutter

Wichtige Telefonnummern für den Notfall

Notfallnummern

Informationszentrale gegen Vergiftungen in Bonn, Tel. (0228) 2873211

Notruf (Rettungsdienst und Notarzt):

Deutschland	112
Schweiz	144
Österreich	144
Niederlande	112
Belgien	100

Bezugsquelle für Atropa-Samen

Magic Garden Seeds
Moritzstraße 1
34127 Kassel
Germany
E-Mail: mailbox@magic-garden-seeds.de
Internet: http://www.magicgardenseeds.com

Literatur

ACKER, Marcus

2007 *Belladonna Atropa.* Wir Heilpraktiker 1: 3-7

ALBERTS, A.; MULLEN, P.

2000 *Psychoaktive Pflanzen, Pilze und Tiere.* Stuttgart: Kosmos

BAUEREISS, Erwin

1994 *Heimische Pflanzen der Götter.* Markt Erlbach: Raymond Martin Verlag

BERGER, Markus

2003 *Stechapfel und Engelstrompete.* Solothurn: Nachtschatten Verlag

2004 *Handbuch für den Drogennotfall.* Solothurn: Nachtschatten Verlag

2007 Nachtschattengewächse mit Zierwert. *Gartenpraxis* 9: 52-56

BLÜCHEL, Kurt

1977 *Heilkräfte der Natur.* Niedernhausen: Falken

BONHOMME, V.; LAURAIN-MATTAR, D.; LACOUX, J.; FLINIAUX, M.; JACQUIN-DUBREUIL, A.

2000 Tropane alkaloid production by hairy roots of *Atropa belladonna* obtained after transformation with Agrobacterium rhizogenes 15834 and Agrobacterium tumefaciens containing rol A, B, C genes only. *J. Biotechnol.* 25; 81(2-3): 151-158

ÇAKSEN, H.; ODABA, D.; AKBAYRAM, S.; CESUR, Y.; ARSLAN, S.; ÜNER, A.; ÖNER, A.F.

2003 Deadly nightshade (*Atropa belladonna*) intoxication: an analysis of 49 children. *Human & Experimental Toxicology* 22(12): 665-668

CATEL, W.; FRÜHWALD, R.; HEMPEL, H.C.; HOLSTEIN, E.; KÜSTNER, H.; LEMKE, R.; LOEBELL, R.; REICHENBACH, E.; TIETZE, K.H.; UEBERMUTH, H.; VELHAGEN, K.

1957 *Diagnostisch-therapeutisches Vademecum.* Leipzig: Johann Ambrosius Barth

COOPER, M.R.; JOHNSON, A.W.

1984 *Poisonous plants in Britain and their effects on animals and man.* London: Her Majesty's Stationery Office

DE VRIES, Herman

1989 *natural relations.* Nürnberg

DRÄGER, B.; SCHAAL, A.

1994 Tropinone reduction in *Atropa belladonna* root cultures. *Phytochemistry* 35: 1441-1447

DUKE, James A.

1992 *Handbook of phytochemical constituents of Gras herbs and other economic plants.* Boca Raton FL: CRC Press; http://www.ars-grin.gov/duke/ (Internet Ethnobotany Database)

ERPENBECK, Jenny

2001 *Tand.* Frankfurt/M.: Eichborn

FONT QUER, Pio

1979 *Plantas Medicinales el Dioscorides Renovado.* S.A. Barcelona: Editorial Labor

FRANKE, E.
1996 *Was ist Bewusstsein? – Aspekte einer allg. Theorie koordinierter Funktionen cerebraler Neuronen.* Berlin: VWB
FREDERKING, I.
1988 *Untersuchungen über einige Sekundärstoffwechselprodukte verschiedener A. belladonna (L.) Varietäten und ihre mögliche Abwehrfunktion gegenüber phytopathogenen Pilzen.* Hamburg
FROHNE, Dietrich; PFÄNDER, Hans Jürgen
2004 *Giftpflanzen.* Stuttgart: Wissenschaftliche Verlagsgesellschaft
GARMS, Harry
1968 *Die Natur.* Braunschweig: Westermann
GRUSCHE, H.; MAEMECKE R.
1979 *Heilpflanzen.* Minden: Albrecht Philler Verlag
HAMALCIK, P.
1988 Belladonna in der homöopathischen Tiermedizin. *Biol. Tiermedizin* 5: 28-31
HANSEN, Harold A.
1980 *Der Hexengarten.* München: Trikont/dianus
HEGI, Gustav
1979 *Illustrierte Flora von Mitteleuropa.* Berlin: Paul Parey
HEISER, C.B. Jr.
1969 *Nightshades: The Paradoxical Plants.* San Francisco
HELTMANN, H.
1980 Morphologische und phytochemische Untersuchungen an Sippen der Gattung Atropa L. *Acta Hort.* (ISHS) 96: 101-110.
HERTWIG, Hugo
1938 *Gesund durch Heilpflanzen.* Berlin: Koch's
1969 *Knaurs Heilpflanzenbuch.* München: Droemer Knaur
HOFMANN, Albert
1996 *LSD - Mein Sorgenkind.* München: dtv
HÜLSBRUCH, M.
1961 *Strobulierende Drüsenköpfchen bei A. belladonna.* München: Botanische Staatssammlung
HUNNIUS, Curt
1998 *Pharmazeutisches Wörterbuch.* 8. Auflage. Berlin/New York: De Gruyter
HUNZIKER, T.
2001 *The Genera of Solanaceae.* Ruggell: A.R.G. Gantner Verlag
JANZING, Gereon
2000 *Psychoaktive Drogen.* Löhrbach: Werner Pieper and The Grüne Kraft
JENIK, J.
1980 *Das große Bilderlexikon des Waldes.* Gütersloh: Prisma
KAISER, Hans (Hg.)
1955 *Der Apothekerpraktikant.* Stuttgart: Wissenschaftliche Verlagsgesellschaft

KEELER, Martin H.; KANE, Francis J. Jr.
1967 The Use of Hyoscyamine as a Hallucinogen and Intoxicant. ***American Journal of Psychiatry*** 124:852-854
KESSEL, Joseph
1929 ***Belladonna.*** München: Piper
KOTSCHENREUTHER, Hellmuth
1976 ***Das Reich der Drogen und Gifte.*** Berlin: Safari
KRONFELD, Moritz
1981 ***Donnerwurz und Mäuseaugen – Zauberpflanzen und Amulette in der Volksmedizin.*** Nachdruck von 1898; Berlin: Zerling
KRUG, J.
1989 ***Ontogenetische und ökologische Einflüsse auf die Steroid- und Alkaloidproduktion bei Solanum laciniatum und Atropa belladonna.*** Gießen: Universität
KÜTTNER, Michael
1998 ***Der Geist aus der Flasche – Psychedelische Handlungselemente in den Märchen der Gebrüder Grimm.*** Löhrbach: Werner Pieper and The Grüne Kraft
LAUBER, K.; WAGNER, G.
2001 ***Flora Helvetica.*** Bern
LEHMANN, P.
1991 ***Untersuchungen zur Biochemie und Physiologie von Amaryllis hippeastrum, Atropa belladonna und Gattung Lupinus.*** Internet
LEWIN, Louis; LOEWENTHAL, John
o.J. ***Giftige Nachtschattengewächse bewußtseinsstörender Eigenschaften im culturgeschichtlichen Zusammenhange; Kapitel III. Atropa.*** Internet
LEWIN, Louis
1920 ***Die Gifte in der Weltgeschichte.*** Berlin: Springer
2000 ***Phantastica.*** Reprint; Köln: Parkland
LIDELL, H.G; SCOTT, R.
1985 ***A Greek-English Lexicon.*** Reprint der Ausgabe von 1968. Oxford
LINDER, H.
2000 ***Biologie.*** Hannover: Schroedel
LINDT, Inge
1977 ***Naturheilkunde – Heilkräuter und ihre Anwendung.*** Köln: Buch und Zeit Verlagsgesellschaft
LÜBEKIND, Ph.
1839 ***Über eine neue organische Base aus den Blättern der Tollkirsche (Atropa belladonna).*** Archiv der Pharmazie (68)1: 75-81
MALIZIA, Enrico
2002 ***Liebestrank und Zaubersalbe. Gesammelte Rezepturen aus alten Hexenbüchern.*** München: Orbis
MALIZIA, Enrico; PONTI, Hilde
2001 ***Hexenrezepte für Liebe und Verführung.*** München: Goldmann

MARZELL, Heinrich
1938 *Geschichte und Volkskunde der deutschen Heilpflanzen.* Stuttgart
2000 *Wörterbuch der deutschen Pflanzennamen.* 5 Bände, Nachdruck von 1943; Köln: Parkland
MENZEL, Ilse und Peter
1982 *Aus alten Kräuterbüchern.* München/Zürich: Droemer Knaur
METZNER, H.
1982 *Pflanzenphysiologische Versuche.* Stuttgart: Fischer
MEYER-CAMBERG, Ernst
1983 *Das praktische Lexikon der Naturheilkunde.* Reinbek: Rowohlt
MÜNCH, B. Fr.
1785 *Practische Abhandlung von der Belladonna.* Göttingen: Joh. Chr. Dieterich
N.A.
1926 *Deutsches Arzneibuch.* Reprint von 1951; Hamburg/Berlin/Bonn: Decker's Verlag
N.A.
1953 *Ergänzungsbuch zum Deutschen Arzneibuch.* Stuttgart: Deutscher Apotheker-Verlag
N.A.
2001 *Europäisches Arzneibuch.* Stuttgart: Deutscher Apotheker-Verlag
NULTSCH, Wilhelm
1965 *Allgemeine Botanik.* Stuttgart: Thieme
OCHSE, Alexander
2006 *Mündliche Mitteilung* (MB)
OCHSNER, Patrizia Felizitas
2003 *Hexensalben und Nachtschattengewächse.* Solothurn: Nachtschatten Verlag
OGILVIE, D.D.
1935 Atropine poisoning in the goat. *Vet. Rec.* 15: 1415-1417
OTT, Jonathan
1996 *Pharmacotheon, Second Edition.* Kennewick: Natural Products Co.
PAHLOW, Mannfried; CASPERS, Karl Heinz
1977 *Heilpflanzen heute.* München: Gräfe und Unzer
PELIKAN, Wilhelm
1958 *Heilpflanzenkunde.* Drei Bände, Dornach: Philosophisch-Anthroposophischer Verlag
RÄTSCH, Christian
1988 *Lexikon der Zauberpflanzen.* Wiesbaden: VMA
1990 *Die »Orientalischen Fröhlichkeitspillen«.* Berlin: Verlag für Wissenschaft und Bildung
1995a *Heilkräuter der Antike.* München: Diederichs
1995b *Pflanzen der Liebe.* Aarau: AT Verlag
1996a *Räucherstoffe: Der Atem des Drachen.* Aarau: AT Verlag
1996b *Bier – Jenseits von Hopfen und Malz.* München: Orbis

1998 *Enzyklopädie der psychoaktiven Pflanzen.* Aarau: AT Verlag
2002 *Schamanenpflanze Tabak Band 1.* Solothurn: Nachtschatten Verlag
2003 *Schamanenpflanze Tabak Band 2.* Solothurn: Nachtschatten Verlag

RÄTSCH, Christian; MÜLLER-EBELING, Claudia
2003 *Weihnachtsbaum und Blütenwunder.* Aarau: AT Verlag
2004a *Lexikon der Liebesmittel.* Aarau: AT Verlag
2004b *Zauberpflanze Alraune.* Solothurn: Nachtschatten Verlag

RIPPE, Olaf; MADEJSKY, Margret; AMANN, Max; OCHSNER, Patricia; RÄTSCH, Christian
2001 *Paracelsusmedizin.* Aarau: AT Verlag

RIPPE, Olaf; MADEJSKY, Margret
2006 *Die Kräuterkunde des Paracelsus.* Aarau: AT Verlag

RÖMPP, Hermann
1941 *Chemische Zaubertränke.* 2. Aufl.; Stuttgart: Franckh

ROTH, Lutz; DAUNDERER, Max; KORMANN, Kurt
1994 *Giftpflanzen - Pflanzengifte.* Sonderausg.; Hamburg: Nikol Verlagsgesellschaft

ROTHE, G.; HACHIYA, A.; YAMADA, Y.; HASHIMOTO, T.; DRÄGER, B.
2003 Alkaloids in plants and root cultures of *Atropa belladonna* overexpressing putrescine N-methyltransferase. *Journal of Experimental Botany* 54 (390): 2065-2070

ROTHE, G.; GARSKE, U.; DRÄGER, B.
2001 Calystegines in root cultures of Atropa belladonna respond to sucrose, not to elicitation. *Plant Science* 160: 1043-1053

ROUTLAGE, N.A.
1989 Atropine as a possible contaminant of comphrey tea. *The Lancet:* 10-964

SCHENK, Gustav
1939 *Schatten der Nacht.* Stut: Ernst Klett Verlag
1954 *Das Buch der Gifte.* Berlin: Safari

SCHIMPFKY, Richard
1893 *Unsere Heilpflanzen in Bild und Wort.* Gera-Untermhaus: Köhler

SCHMIDBAUER et VOM SCHEIDT
1994 *Handbuch der Rauschdrogen*. Frankfurt/M./Hamburg: Fischer

SCHMIDSBERGER, Peter
1980 *Knaurs Buch der Heilpflanzen.* München/Zürich: Droemer Knaur

SCHÖNBERGER, Margit und Kurt
1990 *Das große Hausbuch der Homöopathie.* Darmstadt: Habel

SCHRÖDTER, Willy
1997 *Pflanzen-Geheimnisse.* St. Goar: Reichl Verlag

SCHULTES, Richard E.; HOFMANN, Albert
1998 *Pflanzen der Götter.* Aarau: AT Verlag

SCHURZ, Josef
1969 *Vom Bilsenkraut zum LSD.* Stuttgart: Kosmos Franckh

SEYFERT, Richard
1913 *Naturbeobachtungen in der Volksschule.* Leipzig: Ernst Wunderlich-Verlag

SHIH-CHEN, Li.
1973 ***Chinese medinal herbs.*** San Francisco: Georgetown Press
SLAUGHTER, Karin
2003 ***Belladonna.*** Reinbek: Rowohlt
SMITH, H.C.; TAUSSIG, R.A.; PETERSON, P.C.
1956 ***Deadly nightshade poisoning in swine.*** JAVMA 129: 116-117
STADLER, Ernst
1964 ***Gedichte und Prosa.*** Frankfurt/M./Hamburg: Fischer
STAFFORD, Peter
1980 ***Enzyklopädie der psychedelischen Drogen.*** Linden: Volksverlag
STAMM, Ch.
1992 ***Kräuter mit Geschichte.*** Thayngen
STARY, Frantisek; JIRÁSEK, Václav
1995 ***Heilpflanzen erkennen und anwenden.*** Bindlach: Gondrom Verlag
STEIMETZ, Michael
2002 ***Aufzuchttipps für exotische Pflanzen.*** Entheogene Blätter1(6/02): 36-42
SCHWAMM, B.
1987 ***Atropa belladonna, eine antike Heilpflanze im modernen Arzneischatz.*** Stuttgart: DAV
TABERNAEMONTANUS, Jakob Theodor
1731 ***New vollkommentlich Kreuterbuch.*** Basel: Joh. Ludw. König & Joh. Brandmyller
TESTASECCA, D.; CAPUTI, C.; PAVONI, P.A.
1978 A case of poisoning by belladonna berries. ***Clinica Terapeutica*** 86: 277-280
TRACHSEL, D.; RICHARD, N.
2000 ***Psychedelische Chemie.*** Solothurn: Nachtschatten Verlag
UPHOF, J.C. Th.
1968 ***Dictionary of economic plants. 2nd ed.*** Verlag von J. Cramer
VERPOORTE, R.; BAERHEIM, S.
1984 ***Chromatography of alkaloid.*** Amsterdam
VONARBURG, B.
1996 Die Tollkirsche. ***Natürlich - Offizielles Publikationsorgan der ›Eidgenössischen‹ Gesundheitskasse*** (16)10: 61-64
WATZLAWICK, P.; BEAUVIN, J.H.; JACKSON, D.D.
1990 ***Menschliche Kommunikation – Formen, Störungen, Paradoxien.*** Bern: Hans Huber
WATZLAWICK, P.
1984 ***Wie wirklich ist die Wirklichkeit? – Wahn, Täuschung, Verstehen.*** In: WILSON, R.A: Ist Gott eine Droge oder haben wir sie nur falsch verstanden; Basel: Sphinx 1984 (S. 26)
WILSON, Robert Anton
1984 ***Ist Gott eine Droge oder haben wir sie nur falsch verstanden.*** Basel: Sphinx

Empfehlenswerte Internetseiten:

http://www.ornikron-online.de/cyberchemlcheminfo/alkaloid.htm
- Stand 03.05.1999

http://2www.drogeninfo.delflles/alkaloide.htm 1
- Bündnis 90 die Grünen. Stand 12.07.1996

http://www.erowid.org/plants/belladonna/belladonna.shtml
- Die ***Atropa***-Sektion innerhalb des psychonautischen Kultportals von Earth und Fire Erowid.

http://www.siu.edu/~ebl/leaflets/atropa.htm
- Ethnobotanical Leaflets (interessanter ***Atropa***-Artikel!)

http://leda.lycaeum.org/?ID=272
- Die ***Atropa***-Sektion innerhalb des psychonautischen Portals Lycaeum.

http://www.eve-rave.ch
- Die deutschsprachige Infoseite mit fundierten Informationen zu Nachtschattengewächsen und mit Diskussionsforum.

Bildnachweis

Markus Berger: Seite 22, 23, 30, 36, 51, 78, 89

Oliver Hotz: Seite 24, 25

Linnaeus Herbarium: Seite 75

Köhler's Medizinal-Pflanzen: Seite 72

Jackson, Experimental Pharmacology and Materia Medica: Seite 16

Floræ Austriacæ: Seite 48

Medical Botany: Seite 99

Thomé, Flora von Deutschland, Österreich und der Schweiz: Seite 58

Watson, Dallwitz: The Families of Flowering Plants: Seite 105

Schreiber, Die Giftgewächse Deutschland und der Schweiz: Seite 106

Unbekannt, Internet: Seiten 39, 43, 56, 88

Farbteil: Alle Fotos Erwin Bauereiß

Über die Autoren

Markus Berger

Markus Berger, geb. 1974 in Kassel, ist freischaffender Schriftsteller, Journalist und Lektor. Er ist Autor zahlreicher Bücher und hat bislang über 800 Artikel, Aufsätze, Essays, Glossen, Rezensionen etc. in 40 internationalen Magazinen und Zeitungen veröffentlicht. Berger lebt mit seiner Familie im nordhessischen Knüllgebirge bei Kassel und wird regelmäßig im In- und Ausland zu Vorträgen geladen. Informationen: www.markusberger.info

Oliver Hotz

Oliver Hotz, geb. 1979 in Rüti, ist gelernter Chemielaborant und studiert zur Zeit Biologie an der Universität Zürich.
Er ist Präsident von Eve&Rave Schweiz, einem Verein zur Förderung der Technokultur und Minderung der Drogenproblematik. Im Rahmen seiner Arbeit bei Eve&Rave hält er Vorträge vor Fachpublikum und betreut unter anderem das Diskussionsforum des Vereins im Internet. Hotz ist Autor zahlreicher Artikel und Mitautor von »Drugs – Just say know«. Er lebt in Zürich.

Wolf-Dieter Storl
Götterpflanze Bilsenkraut
ISBN 978-3-907080-63-4
144 Seiten, 14 × 21 cm, 8 Farbseiten,
Broschur

Orestes Davias
Chilifeuer & Knollengenuss
Die essbaren Nachtschattengewächse
ISBN 978-3-03788-131-6
180 Seiten, 14 × 21 cm, Broschur

Claudia Müller-Ebeling und Christian Rätsch
Zauberpflanze Alraune
Die magische Mandragora:
Aphrodisiakum-Liebesapfel-Galgenmännlein
ISBN 978-3-907080-98-6
164 Seiten, 14 × 21 cm, 8 Farbseiten,
illustriert, Broschur

Roger Liggenstorfer, Christian Rätsch (Hrsg.)
Die Nachtschattengewächse
Eine faszinierende Pflanzenfamilie
Kompendium aus 9 Bänden inkl. Lexikon
ISBN 978-3-03788-195-8
1800 Seiten, 14 x 21 cm